まちづくりと創造都市

――基礎と応用――

塩沢 由典
小長谷一之 編著

晃 洋 書 房

はじめに——都市本来の力をひきだすまちづくり（アーバンルネッサンス）へ

地域を活性化したい、地域ビジネスを起こしたい……と思っているすべてのみなさんへ

「創造都市」とは、二一世紀になって世界中で重要視されるようになってきた都市に対する新しい考え方です。「創造都市」は、（1）都市とは本来どのようなものであったのか？　また、どうあるべきなのか？……という都市の基礎理論であると同時に、（2）現在、世界的な競争の中で衰退の危機に直面している都市を、これからどう活性化していくのか？……という都市政策論でもあります。

「創造都市」は、このように、複合的・多面的性格をもっています。なぜでしょうか？

それは、特に先進国において、世界的競争による産業構造の転換を余儀なくされ、①人口減少社会への突入と②製造業拠点の流出（産業基盤の弱体化）という問題を抱え都市が衰退の危機にさらされる一方、逆に、頭脳・知識・芸術的才能を活かした二一世紀型の新しい経済発展の基礎としても、都市が果たすべき役割に大きな期待がかけられているからです。二一世紀に経済社会が発展するかどうかは、都市（的機能）が鍵なのです。都市を活かせるかどうかで、その経済社会の未来の明暗が大きく分かれるといっても言い過ぎではないのです。

いまや、都市に対する狭い対症療法的な施策論では、現在都市が抱えている危機を乗り越えることはできません。「都市の究極の機能とはなにか？」「都市にしかない機能はなにか」「都市とはどうあるべきか？」という根元的な問いかけ、本質論が求められるようになったのです。

そこで生まれてきたのが「都市の根元的な力は、新しい文化や産業をうみだすところにあり、その働きを活性化しなければならない」という創造都市の考え方でした。

いま、世界中で何十という都市が「創造都市（クリエイティブ・シティ：Creative City）」という目標に掲げていま す。わが国でも、横浜、大阪、京都、神戸、金沢などで創造都市に向けた政策がとられるようになってきています。しかし、創造都市は、他都市の先進事例をそのまま導入すればすむ問題ではありません。その原理を理解しなければならないのです。そこで本書では、「イノベーションと都市の役割」「ものづくり産業論」「IT／コンテンツ産業論」「環境論」「空間論」「社会論（ソーシャル・キャピタル）」「まちづくりの経営論（地域マーケティング）」などの基本から、まず創造都市的な都市政策や都市ビジネスの起こし方を説明し、その応用としてのまちづくりの事例を研究することにしました。また、本書の主張で一番重要なことは、創造都市の担い手は、都市に住み、働くすべての人が主役でなければならないということです。創造都市は、NPOなどの市民セクター、行政、学校、民間企業、ジャーナリズム、学界など、都市の構成メンバーすべてが主体的にとりくんで初めて可能になるものです。そのためには、あらゆる分野で議論がおこり、自由な発想にもとづく知恵を出し合わなければなりません。ここには知識創造の拠点としての大学の役割も求められます。

大阪市立大学は、二〇〇三年、都市の創造活動の担い手を輩出することを目標に創造都市研究科（GSCC：Graduate School for Creative Cities）を設立しました。同研究科は、大阪都心の「梅田サテライト」を一つの拠点として、主に社会人のための大学院教育をおこなっています。学生の大部分は社会の第一線で活躍する人たちであり、その知識と問題意識とをもっています。そこでは、教員と学生が、いま・これからの問題に取り組んでいます。開学六周年に入る今春までに、修士課程・博士（後期）課程をあわせると、すでに五〇〇人以上の修了生を送り出しています。かれらはビジネスや公共部門、社会部門の指導者として目覚しい活躍を始めています。
創造都市研究科では、人材育成の傍ら、二〇〇四年度より、大学の重点研究として『創造都市を創造する』というプロジェクトをスタートさせました。このプロジェクトは、たださまざまな事例を調査・報告するというものではありません。大阪市北区を初めとする関西の各地域を対象として、実際に創造的な地域を形成しよう、その一部を担う中で得られる知見を知識化しよう・体系化しようという社会実験的な研究です。本書は、その研究プロジェクトの一環として得られた成果の一部です（これまでの他の活動や成果についてもご関心のある方は、姉妹書『創造村をつくろう!』『創造都市への戦略』をご覧ください）。

本書の第一部「基礎編」では、総論として、創造都市に対する考え方を「イノベーションと都市の役割」「ものづくり産業論」「IT／コンテンツ産業論」「環境論」「空間論」「社会論（ソーシャル・キャピタル）」「まちづくりの経営論（地域マーケティング）」などの基本から整理し、なぜ創造都市が、二一世紀に求められている、地域を活かすビジネス、地域を活かすまちづくりに向いているか、二一世紀的な都市、都市ビジネス、都市政策の概念を提示しているか……を説明します。

第二部「応用編」では、創造都市的な活動として、

［1］「IT・メディア産業」（集客、コミュニティメディア、コンテンツ、デジタルアーカイブ、大学発ベンチャー）

［2］「（創造都市的な地域の）まちづくり」（町ぐるみ博物館、創造的な商店街と商業、シューケース型アート振興、歴史を活かしたまちづくり、NPO・民間企業協働のまちづくり）

［3］「観光ビジネス」（城下町都市と温泉観光、コウノトリ再生をてがかりとしたエコシティ的観光、陶芸などの文化芸術、交通整備と地域資源発掘、バイオ・エコなどの新産業振興、廃校利用と公共経営）

の三つの面から、二〇ほどの多様な事例をもとに、創造都市的なまちづくりの手法とその効果について説明します。

本書が、地域を活性化したい、地域ビジネスを起こしたい、と思っておられるすべての方々へのヒントとなるとともに、自分の住む都市のより深い戦略を考える手がかりとなれば、幸いです。

二〇〇八年三月

執筆者を代表して

塩沢由典

小長谷一之

目次

基礎編

創造都市の経済社会

1章

都市政策の創造
——都市のあるべき機能について——

1　はじめに

活発な経済活動が営まれている地域には、その活動を牽引する「成長のエンジン」があります。ときには、それは油田や金鉱の発見のような突発的事件によりますが、持続した経済活動を牽引するのは、（日本でいえば政令指定のような）大都市です。ところが、そのような大都市がどのような経済政策を持たねばならないかについて、日本ではほとんど考えられていません。「国全体に対する政策を地域の実情に合わせて実施すればよい」という程度の認識しかないのです。

たとえば、最近の大阪市長選挙では平松邦夫氏が、大阪府知事選挙では橋下徹氏が当選しました（二〇〇七年末から二〇〇八年初め）。政党支持など煩雑なことは省きますが、いずれも市役所ないし府庁と関係のない候補が選ばれました。大阪市長選挙では現職市長の関淳一氏が破れ、もとアナウンサーで放送会社役員の平松氏が当選し、大阪府知事選では太田房江氏に代わり橋下氏が選ばれました。市役所や府庁内に蓄積された政策形成能力・実行能力に疑問符が付けられたといえましょう。しかし、両選挙とも、大阪をどうしようとするか、どうすべきかに関する具体的な展望が争われたとはいえません。平松氏も橋本氏も、立候補が急にきまり、事前に十分な検討・立案がなされたとは考えられませんし、候補に政策を提案する立場の政党にも明確な全体像が描けていたとは思われません。新聞が論説・社説などで、争点を提示したり、目指すべき方向を示唆することもあってよかったはずですが、不祥事や情報交換に関する指摘はあっても、社会経済面における政策を問いただす動きはあまり見られませんでした。

大阪市であれ、大阪府であれ、大阪の問題を考えようとするとき、二つの選挙で見られたことは、大阪の問題の深さを象徴しています。府単位でみれば、大阪府は人口八〇〇万人でスウェーデン一国規模の人口と経済をもっていますが、この社会と経済とを真剣に検討している人間の数は、極端に少ないと思われます。正確な数字を挙げることは出来ませんが、スウェーデンで数千人の人間がその社会と経済について分析し政策を考えているとすれば、大阪ではたぶん数百人以下の人間しか、こうした問題を考えていないでしょう。

思考習慣の問題

日本には、中央政府があり、その出先機関もあって、そこでは大阪の問題を含めて、日本の問題が考えられています。学者も、大阪のみを対象とすることは少ないが、ほとんどあらゆる領域を研究しています。このような思考を強化する国家構造もあったことはたしかです。明治以降、日本は、欧米に対する「追いつけ・追いこせ」を課題として、中央で決めた政策を地方は実施すればよいという理解が生まれ、補助金政策によって同一の政策が全国一斉に取り組まれてきました。

こうした思考習慣の中では大阪の問題は、日本社会共通の問題として十分考慮されていると前提されていたに違いありません。しかし、大阪には、大阪固有の問題があり、そのことを真剣に考えないかぎり、大阪という地域の活性化に対する適切な方策や展望が出てくるとは思われません。

実は大阪市は、政令指定都市では、一九六〇年以来、人口を増やしていない唯一の都市です。地方の中心都市である札幌、仙台、名古屋、広島、福岡は、一九六〇年を一〇〇とした基準でそれぞれ三〇六、二二三、一三一、一九五、二〇五と人口を増加させているのに対し、大阪の二〇〇五年人口は、一九六〇年の八七パーセントを数えるに過ぎません。人口増の多い地域を市域に取り込まなかったという事情があるにせよ、これは大阪の問題の根深さを表しています。(1)

日本では、大都市と過疎地との対比がよく取り上げられますが、大都市には大都市としての固有の問題と課題があります。とくに大阪は、大都市の中でも特異な存在となっており、大阪は大阪の問題として固有に分析されなければなりません。しかし、他方では、大阪の抱える問題は大都市の抱える共通の問題がもっとも先鋭的に現れた一事例でもあります。大阪の問題を深く考えるとき、現れてくる構造的問題は、日本の各地方の大都市の抱える構造問題を典型的に示すものであり、より一般的には、世界各国の第二都市・第三都市が抱える共通の問題を明らかにするものでもあるのです。

2　考えの前提

大阪は、いかにすれば活発な経済を牽引する都市になれるのでしょうか。かつて大阪は天下の台所と呼ばれ、江戸時代の一時期には富の七割が大阪にあるといわれました。

現在は、大阪をふくむ関西二府四県で日本の人口の一七パーセント、GRP（地域総生産）をはじめとする多くの経済指標でほぼ一七パーセントを示しています。これは関西が日本の平均でしかないことを示しています。平均でよいではないかという意見もあるでしょうが、この比重はさらに低下する可能性があります。

コンテンツ産業を例として

今後伸びていく産業の一つにコンテンツ産業があります。この産業の内容は多様ですが、多くの国および日本の現状を観察する限り、コンテンツ産業は、非常に集中性の高い産業であり、一つの文化圏に一極しか成立しないという強い傾向（法則といってよい）があります。たとえば、雑誌、マンガ、映画、テレビ、アニメなどでは、出荷額のほぼ九割を東京およびその周辺が占めており、他の全地方で残りの一割から一割五分を占めているにすぎません。将来、サービス産業の比率が高まり、GDPに占めるコンテンツ産業の比重が上がってくる場合、東京圏で約九割、大阪を含む他の地方でたかだか一〇―一五パーセントを分け合うことになるとすると、大阪は長期的には東京圏のたかだか一割程度（全国の数パーセント）の経済規模しか維持できないことになります。現在の一七パーセントという比率を維持することすら難しいのです。

大阪については数多くの政策が提案されてきました。しかし、提案された政策の多くは、こうした構造上の問題に切り込んだ上での政策でないので、ほとんど効果を示すことなく、時代の変化に飲み込まれてきました。そうなったのには十分な理由があります。地方の経済政策が中央政府の立てた政策の実施案でしかなく、東京での動きを越えるもの、抜きんでるものではないからです。

たとえばコンテンツ産業では、東京で伸びているから大阪でも、という政策は成立しません。振興策を立て、補助金を出せば一時の人材育成を助けることはできます。しかし、結果として、それは有能な人材の東京進出をもたらすだけです。地方には下請けや地域のこまごまとした仕事しか残りません。コンテンツ産業で成功するためには、小さなジャンルであれ、一つのジャンルで、日本全体の中心地とならなければなりません。そのためには、より戦略的な政策決定と遂行とが必要ですが、そのような動きはこれまでほとんどありませんでした。

単になかったのではありません。構造的な問題により、不可能だったといったほうがよいでしょう。大阪の政策といわれるものの多くは、東京で作られた政策を二―三年遅れて後追いするものでした。しかし、それでは初めから勝負がついています。新しい分野の初期には、なんとか東京の半分程度の集積をもつことができても、集積のメリットを求めて、才能ある人々が移動しはじめると、トップの東京周辺と大阪を含む他のほとんどの都市との差はたちまち大きく開いていかざるを得ません。

このような傾向は、最近の情報通信の進化過程でも、明瞭にみられます。東京にまだ極ができていない分野・ジャンルで勝負する以外にないのですが、そのような「戦略的決定」をおこなうには、人々の理解と問題意識の共有、徹底した政策の遂行が必要です。しかし、そもそも大阪のことなど、主題として考えている人がほとんどいないこと、関西という単位で政策的意思決意の機構を持たないこと、策定した政策を効果あるところまで推進するだけの財政基盤もないこと、などが絡みあって、戦略的な施策・政策が不可能なのです。

もちろん、このような状況だからといって、有効な政策を生み出すことを放棄してはなりません。思いつきのような施策が世の中にあふれることを防止するためにも、より深く、なにが問題で、長期にはどのような展望がありえるのか、討論していかなければならないのです。

経済の長期動向

そのような議論の前提は「時代は変わる」ということです。経済に関係したところでいえば、それは、まず産業構造の問題です。これは雇用に直結しています。将来伸びるべき産業が興らず、古い産業にのみ頼ろうとすれば、需要の頭打ちによって、早晩、失業や首切りにつながります。賃金を上げることもできません。産業構造と就業構造とは密接に関係しています。

一〇年後・二〇年後の産業構造・就業構造はどのようなものでしょうか。残念ながら経済学はこうした問題にあまり取りくんできませんでした。日本では「ペティ＝クラークの法則」が有名ですが、すでに第三次産業が六〇パーセントを越える先進経済の動向を占うにはこれだけでは不十分です。サービス産業、コンテンツ産業、観光産業、文化産業、時間充実産業などさまざまな概念が提案されています。これらは、今後の動向を考える上でヒントになるものの、産業の転換方向を占うものとしてはあいまいです。

現在時点において考えておくべきことが二点あります。第一は、製造業に従事できる就業者数およびその比率は、今後、さらに低下するであろうということです。シャープの液晶工場が堺に、松下のプラズマ・ディスプレイ工場が尼崎に立地することがきまり、大阪は工場誘致の成功に関心が集まっていますが、国際競争上、今後ますます労働生産性を高めなければならないことから、製造業に従事できる就業者の数と比率は小さくなっていかざるをえないでしょう。これは「ペティ＝クラークの法則」の一部といえます。

第二は、産業そのもののあり方の変化です。そしてこちらの方がはるかに重大な意義をもっています。トヨタのおかげで名古屋圏が元気だというので、同様の牽引企業の出現を期待する向きがあります。しかし、今後、単一の産業が成長のエンジンとなるといったことは次第になくなるでしょう。一九九〇年代、アメリカ合衆国に起こった、情報産業が急速に発展して経済を牽引するといったことは、今後何度もあると期待してはなりません。サービス産業を典型とするように、小さな個人企業が多数成立し、それらが全体として付加価値と雇用を拡大するといった新しい経済成長のストーリーを想定しなければなりません。

これまでの産業政策は、基本的には大企業・大産業対象のもので、中小企業基本法が一九九九年に改正されるまでは、中小企業に関する施策といえば「対策」が中心でした。それは、簡単にいうなら、構造不況産業の安楽死を目指すものでした。旧通商産業省（現・経済産業省）の産業政策は世界からも注目されるものでした。一九八〇年代までの先進経済を後追いし、キャッチアップすることが課題であった時代には、日本の産業政策は高い評価を得ていました。しかし、経済の大きな転換期にあって、産業政策はイノベーションのジレンマに陥りかねない問題を抱えています。経済産業省の組織は、依然として大産業単位に編成されています。

思考パタンの桎梏

問題は行政のみではありません。政策評価に大きな役割を担う新聞社でも、大企業別の担当方式がいまだ優勢です。学界でも、マクロ経済分析を除けば、経済分析の多くは、鉄鋼・自動車・電機・情報・金融・流通といった大産業が中心です。あたらしい産業動向を研究する論文も出始めているとはいえ、統計の不備や対象とすべき企業が小規模・多数のため、調査の困難に見舞われています。こうして、社会の中にある種の「思考構造」が出来上がっており、そこから見えにくい問題は放置される傾向にあります。

大阪や関西の経済活性化のためには、あるいは全国の大都市共通の問題として、こうした思考の硬直を打破する大胆な発想と政策立案が必要です。

なにを目指すべきか

われわれの思考パタンは、おおむね二〇世紀の経験の上に組み立てられています。ところで、二〇世紀は大企業経済という特異な特徴を持った唯一の世紀でした。一九〇一年、日本には一万人を越える会社が二社ありました（いずれも、鉄道会社）。しかし、この規模の企業が生まれたのは、北アメリカでもヨーロッパでも、そう古いことでなく、主として一九世紀の第4四半世紀に繰り返された大合併の結果として生まれたものでした。

経営学も、こうした大企業の経営管理の学問として生まれました。したがって、経済学も経営学も、産業の見方・経済の見方・企業の見方がすべて大企業の刻印を押されているのです。これらがわれわれの思考野を形作っているため、二一世紀も二〇世紀の延長上に展開されると思い込みがちですが、経済の実態は、すでに大きく変わり始めています。

これからの時代を先導するのは、単一の大産業・大企業ではなく、多数の小さな企業群です。連結ベースで、トヨタは三〇万人、松下は三三万人を雇用する大会社ですが、政策の力点は、第二のトヨタ・第三の松下（パナソニック）を育てることではありません。一つの会社が一〇万人を雇う代わりに、一〇人の会社を一万社、一〇〇人の会社を一〇〇〇社作ることを目指すべきです。あるいは、一〇万人のフリーランスの専門職業人が活躍できる気風・環境を作らなければなりません。(2)

このような政策は、日本では未経験の領域です。補助金・助成金や道路・港湾の整備といったこれまでの活性化政策・振興政策は無効であるばかりでなく、ときに有害でさえあります。そうした政策の延長上には、新しい時代を創造する政策は乗っていません。まったく新しい発想のもとに、新しい経済政策が考えられなければなりません。

そのとき、参考になるのが都市の役割・機能です。古代の農業革命以来、新しいものと新しい職業を創造してきたのは、つねに都市でした。都市は、そこに人口と富と知識が集積したために、新しい商品・文化・芸術・生活スタイルを生み出してきました。民主制も都市からはじまりました。これからの経済政策が注目すべきは、これら古くから都市が担ってきた諸機能です。それらを再評価し、意義・役割を取り戻し、新しい時代にあった働きに変えていくこと、これが、大阪が真に考えるべき政策であり、各地の大都市が考えなければならない政策なのです。

3　新しいものが育つ経済

「商品」「技術」「行動」「制度」「組織」「システム」「知識」はそれぞれ経済の重要な七つのカテゴリーですが、

それらはすべて進化するものとして捉えるとよく理解できます。[3] 経済は、これらの諸カテゴリーが進化することにより発展・成長します。このような見方は経済にとって常識的なものですが、経済学としてはそうではありませんでした。マクロ経済学は、有効需要の総量に関心を示しましたが、その構成についてはあまり関心を示しませんでした。ミクロ経済学は、人々の最大化行動に注目したため、経済行動が進化するという視点をもちえませんでした。一部には技術の進歩が経済成長のエンジンであるという理解がありましたが、新古典派の貿易理論では技術よりも資源の賦存比率が重視されました。こうした欠落を補うものとして登場してきたのが進化経済学・進化経営学です。

進化経済学からの視点

進化経済学は、経済政策としては、進化の起こる環境に注目します。あたらしい商品・技術が活発に生まれてくるのは、どのような制度・組織・システムであるのか。それらをもたらす行動は、どのように生まれるのか。行動や技術の背景にあって、経済を進化させる知識はどのように形成されるのか。進化経済学が考える経済政策は、かつてのマクロ経済政策とは質的にも領域としてもまったく異なるものです。

こうした政策の中で、経済進化の場としての役割を期待されているものが都市ないし都市的地域です。都市は、あらゆる進化を生み出し、育む環境です。経済発展は、都市のこのような機能が正常に働かなくてはありえません。たとえば、新しい商品は、それを考案する人・開発する人がいるとともに（供給側面）、その商品を使う人、評価する人が必要です（需要側面）。都市が重要なのは、その両者が集まっているからです。改善・改良にも、使用者の声が重要です。この商品は使い勝手がよい、この商品はここが不十分といった使う側の評価がよい商品を作りだします。新しい製品・サービスは、最初は、少数の人しか購入しません。その理由はさまざまです。高額であったり、知られていなかったり、習慣がなかったりします。

一万人に一人しか購入しないものでは、人口が少ない田舎の町で販売しようとしても、年に一—二台しか売れません。しかし、これが人口三〇〇万の都市であれば、同じ比率で三〇〇台買ってもらえます。そうなると、商品の評価もしやすいし、妥当性も確保されます。ファンが生まれるかもしれないし、口コミで新しい顧客を増やしてくれる可能性もあります。良いとなれば、顧客が急速に増加してヒット商品になるかもしれません。新しい商品への提案も出てくるでしょう。

商品は、物ばかりではありません。新しいサービスの開発も、商品開発の重要な分野です。今後その比重は、社会全体では上昇していくに違いありません。ところで、サービスは、物の商品と違って在庫として蓄積することができません。サービスは、購入者に直接提供するものがほとんどです。しかも、ある種の機器や特別の雰囲気も必要です。来店客を待つとなると、（すくなくとも最初は）少数者に利用してもらうサービスは、交通可能範囲に多くの人口を抱える大都市以外では不可能です。

「ロング・テール」が示唆するもの

アマゾン・ドット・コム（書籍販売の電子商取引企業）の成功が刺激となって「ロング・テール」という新しい経営戦略が生まれました。

それまでの戦略は、少数の製品を大量に生産し、規模の利益を追求するというものでした。この戦略の正当性は「パレート分布」というものにより説明されています。ある産業あるいはある企業の製品を種類ごとに捉え、販売量（y）の多い順に棒グラフにプロットすると、右下がりの図となります。これは、理想的には $y=Cx^{-a}$ という形を取るとされています。このとき、上位二〇パーセントの種類で全販売量の八〇パーセントを占めるといったことがしばしば観察されます。こうした事情を前提にするとき、大量生産型の戦略では、種類を二〇パーセントに絞り、大量生産・大量販売するのがよい、という経営戦略が生まれます。

「ロング・テール」という経営戦略はこれとは正反対のものです。クリス・アンダーソンは、アマゾン・ドット・コムの成功は、扱える商品の採算点を下げて、需要が非常に少ない商品でも扱えるようにしたところにあるとしています。

大量生産型の戦略では、大きな固定費Fをどう処理するかが問題でした。競争上あまり価格pを上げられないとすると、一商品の生産にかかる限界原価をcとしたとき、F/(p－c)以上の販売数が見込まれないと、その商品は開発・生産されないことになります。(4) 流通においても、同様の考えがとられてきました。一品目ごとの販売数は、それを扱うか否かを判断する重要な材料でした。

しかし、アマゾンのビジネス・モデルは、これとは大きく異なっています。アマゾンは、物流・商流を含むシステムをいったん作ってしまえば、個々の商品については固定費はほとんど無視できると考えたのです。そうすれば、p－cが正であるかぎり、年間の取り扱い点数が小さくても、それは利益に貢献します。したがって、可能なかぎり扱い点数を増やすことがアマゾンにとっての戦略となりました。(5)

二〇〇四年時点でアメリカ合衆国の新刊点数は一四万点、日本の新刊は七万点強ありました。アメリカの既刊で販売可能なものの点数は不詳ですが、日本では「日本書籍総目録」記載のものが七五万点あります。年間新刊点数のほぼ一〇倍の本が売られているといえます。いま、売れ筋の本により、システム全体として利益が出るようになったとします。そこに至るまで、長い時間がかかりました。アマゾンは一九九五年に創業しましたが、営業収益が始めて黒字になったのは二〇〇二年です。しかし、システム全体の固定費がカバーされたあとは、p－cが正であるかぎり、取扱品目数が増えれば増えるほど、アマゾンの利益は増大するのです。路面店（リアル店舗）の場合、日本では大きな本屋さんでも総タイトル数は二〇万点程度といわれます。アメリカでも似たようなものでしょうが、

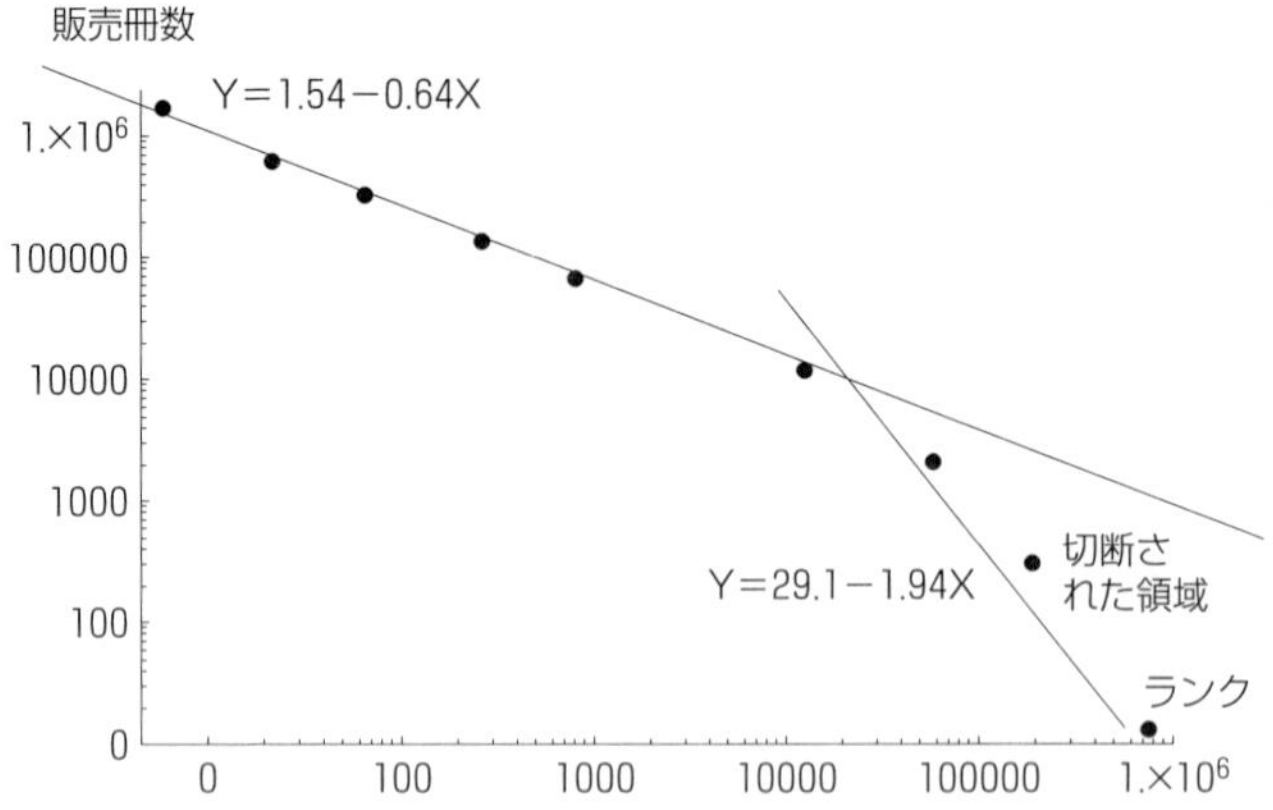

図1-1　ロングテールの一例　本の両対数分布図（USA 2004）

注）年1万冊程度出る本までと年5000冊以下の本とで，明らかに傾きが違っている．
出所）Chris Anderson, *The Long Tail*, p. 121の表より作成．

アマゾンではその何倍もの点数を扱うことができます。もちろん、順位で二〇万を超える本の販売部数は多くありません。年に数冊しか売れないでしょうが、それが一〇〇万点あれば、年間販売数は数百万点となるのです。アマゾンの場合、店頭で買えない本の販売部数が全体の四分の一を占めているといいます。オンライン・ミュージックのラプソディの場合、この比率はさらに高まり、販売点数の四〇パーセントが店頭では買うことのできない曲だそうです。[6]

ロングールは、現実の売り上げだけでなく、その潜在的可能性をも示唆しています。図1-1は、合衆国の本の販売に関するパレート図を両対数表にプロットしたものです。この図は、タイトルごとの販売量が冪法則（$y=Cx^{-a}$）に従うことと、それが二つの領域に分かれていることを示しています。年約五〇〇〇冊というところで屈折点がなぜおきているか分析しなければならなりませんが、もし屈折点をなくすことができれば、販売総量は無限大となります。[7] それが不可能としても、屈折点を右に大きく移動させることができるならば、販売総量を現在の何倍にも増やすことができます。アマゾンやi-Tunesは、現在よりはるかに大きな販売が期待できることになります。

都市とロング・テール

ロング・テールの話を持ち出したのは、都市の機能が本質的にロング・テールを生かすものであり、またそれが、これからの経済の都市政策に示唆を与えるものだからです。

都市には、多くの経済活動が集まっています。新しい商品を開発するには、開発室と製造設備があれば十分というわけではありません。部品を調達する、試作品を作る、パンフレットを印刷する、パッケージデザインを依頼する、宣伝用の写真撮影を依頼する、宣伝をする、試験販売を委託する、市場調査をするといった一連の仕事が必要です。小規模企業がこれを単独でおこなおうとしても、到底できるものではありません。

そこを助けるのが都市の集積です。大都市ならば、これらの仕事はすべて外部に依頼できます。出費はあるが、特定の仕事についてのみ支払えばよいので、自社内にそれが可能な人材を集めるのに比べれば、はるかに安価にかつ早く目的を達成できます。都市は、新しい商品、新しい事業を始めるにあたり必要な初期投資を個別企業に代わってやってくれているのです。アマゾンの情報物流システムに当たるものを、都市は自然発生的に作り上げています。個人や小企業は、個別の事業の採算のみを考えればよいのです。このため、都市では多種多様な職業が可能になります。個人が新しい商品（物やサービス）を作りだすことが可能なのです(8)。

都市は新しいものを作り出すプラットフォームであり、それに必要な社会基盤を用意しています。アマゾンが情報と物流の双方にわたるシステムを作りだすのに必要とした基盤投資にあたる部分、固定費にあたる部分を、都市は人間社会において自然発生的に担っているのです。ただ、この機能は、ときに阻害されることがあり、都市を越える大きな構造により規定されることがあります。その点を認識し、阻害要因を取り除き、構造に対抗する戦略を打ち出すことが都市政策の基本となります。

未来産業のイメージ

本は、未来の産業状況を考える上で、重要な示唆を与えます。本は、商品分類では単に一小分類にすぎません。しかし、現行売られている本の点数が七五万点あるように、その内容はタイトルごとに違っています。したがって、本は一冊買えばあとはいらないというものではありません。そういう類の本もありますが、いくらでも新しい内容の本が生まれてきます。お金と時間があるかぎり、本好きには需要の制約がありません。

今後の経済では、本と同じように、同じ分類項目にあるが、内容の差異に意味があり、無制限に収集したり、鑑賞したりしたくなるものが重要となるでしょう。

社会が豊かになると、「機能性の商品」に対する需要は頭打ちになります。自動車であれ、クーラーであれ、一家に数台という限界を超えて需要されることはありません。もしあるとすれば、コレクションのためであり、機能を求めてのものではありません。

これに対し、「内容性の商品」、たとえば、本やアパレルや音楽、エンターティメントでは、おなじ分類のものであれ、内容が異なれば、それらは購買と収集・享受の対象となります。楽しむ時間と収納の空間があるかぎり、これらの商品はいくらでも需要されるのです。需要構成における物からコンテンツへの移動が起こり、産業構造が変化するのです。

逆にいえば、これからは、これらの「内容性の商品」を生産できる経済でないと、総需要は停滞し、成長が止まります。したがって、今後の経済を牽引するのは、少種類の商品の大量生産ではなく、無制限に差別化が可能な商品・サービスでしょう。

それらは、内容＝コンテンツを創造する人がいて、はじめてなりたつものです。主要な企業形態も、大企業型というよりも、工房やアトリエのような、個人を中心として何人かの手伝いがいる個人企業型のものになるでしょう。

4　都市の備えるべき政策について

活発な経済を可能にするために、都市はなにをしなければならないか。それは、いわゆる都市政策ではありません。これまで都市政策といえば、都市の基盤（道路や衛生基盤、文化・教育基盤など）の整備計画か、都市のひずみ（貧困、ホームレスなど）への対応策、それに補助金行政に限られてきました。

都市基盤の整備は必要ですが、それで活発な経済が維持可能になるわけではありません。中央集権的な行政とマクロ経済思想のもとでは、各都市・各地方が独自の経済政策が必要であること、かつそれが都市政策の根幹であるべきことが忘れられてきました。まず、その思考習慣を変えなければなりません(9)。

必要なことは、しかし、明確です。これからの都市政策に必要なことは、活発な経済を可能にするために、新しい商品や仕事を生み出す環境＝創造的環境を整備することです。このとき、考慮しなければならないのは、都市には、自然に備わる創造的機能があり、発展の自然の動きがあるということです。政策として取り組むのは、それらの傾向をより強化したり、欠ける機能があればそれを補うことです。また、構造の大きな転換点にあっては、戦略的に将来の発展の核となる活動を育成することです。

自然発生的な動きは、都市ごとにちがいます。同じ都市内でも、区ごとに大きな差異があります。また、同じ大都市でも、東京の補完都市である横浜と、自立型の大阪とでは、取るべき戦略はまったく異なります。最初に述べたように、各都市ごとに異なる政策が必要なのはこのためです。各都市は、経済の動向に対する深い分析に基づく戦略的政策を備えなければなりません。それを可能にする頭脳を確保しなければなりません。地方分権が叫ばれていますが、この方面での「地方の時代」はまったく用意されていません。この問題に対する根本的解決は道州制しかないと思われますが、その実現を待つまでもなく、やれること・やるべきことはたくさんあります。

リチャード・フロリダは、創造活動が社会の大半を占める社会においては、創造的才能が集まる都市が発展するというテーゼを提出しています。創造的才能は、芸術家に限りません。工芸、陶芸、絵画、建築、芸能、演劇、音楽、映画、マンガ、小説、アニメ、ゲームソフト、フィギュア、工業デザイン、インテリア、料理、ヘアスタイル、服飾、アクセサリ、脚本、記事、番組制作、各種各階層のコンピュータ・プログラムやコンテンツなど、ひろく作家活動に携わる人間はすべて含まれます。知識を生み出す学問研究や研究開発に携わるひと、新しい事業に取り組む人も重要な創造的才能です。

今後の都市政策で追求すべきことは、こうした才能が住みたくなる都市です。それには三つの条件があります。第一は、その都市が自分が活躍したい都市であること、第二は、その可能性が開かれている都市であること、第三は、その都市に住んでいることで、知的に刺激され、創造が助けられること、です。

大阪は、数の集積としては、かなりの厚みをもっていますが、才能を育て売り出す機能において弱い。同業組合的なネットワークはあるが、ジャンルを越えた知的接触の機会が少ない。そのため、多くの才能と活動とを備えながら、知的沸騰に欠け、先端的運動を作りだすことが少ない。しかし、こうした活動は不可能なわけではありません。たとえば、「具体」は大阪・芦屋を中心にして成立した運動で、世界の芸術に影響を与えました。商業デザインの分野でも、大阪は、一時期、日本を先導する力をもっていました。ただ、これまで、大阪が創造者たちの集積を生かす構造を作りだせなかったために、多くの才能は次第に東京で活躍するようになりました。

だからといって、創造的才能を引き止める政策が良いとは思えません。むしろ世界全体から将来性のある才能を惹きつける政策が必要でしょう。かれらにとって「魅力」のある都市を作るのでなければ、結局は、大阪が現在そうであるように、人材育成都市＝（他都市への）人材供給都市に終わってしまいます。

注

（1）もちろん、大阪府という単位では、二〇〇〇年人口は一九六〇年対比一六〇パーセントと全国平均（一三五パーセント）よりは増えています。しかし、東京周辺の埼玉、千葉、神奈川の三県が同比でそれぞれ二八五、二五七、二四七と、ほぼ二倍半に増えているのと比べると、増加率は低い。

（2）こうした方向の必要性と可能性については、次節の「ロング・テール」のところで取り上げます。

（3）進化経済学会編（二〇〇七）概説。

（4）これがいわゆる損益分岐点です。収入＝（販売価格）×（販売数量）が、変動費用と固定費用をまかなうのに、必要な販売数量が損益分岐点です。

（5）市場への対応として多品種・少量生産の必要が叫ばれています。これはロング・テールと関係の深いものですが、それがいかなる経営戦略に基づくものであるかは明確にされているとはいいがたいと思われます。

（6）アンダーソン（二〇〇六）の第1章の図による。

（7）最初の屈曲点までの傾きが－0.64で、絶対値が1より小さい。不定積分は正の巾関数となり、この線分が無限に延長できるとすると、総販売量（定積分）は無限大となります。

$$\int_0^\infty Cx^{-0.64}dx=[C'x^{0.36}]_0^\infty=\infty$$

（8）この最初の考えを提起したのは、ジェーン・ジェイコブズです。

（9）思考習慣を変える必要については、塩沢・小長谷編（二〇〇七）第二四章でも議論しました。

参考文献

クリス・アンダーソン、篠森ゆりこ訳（二〇〇六）『ロングテール─「売れない商品」を宝の山に変える新戦略』早川書店。

塩沢由典・間藤芳樹編（二〇〇六）『創造村をつくろう！ ─大阪・キタからの挑戦─』晃洋書房。

塩沢由典・小長谷一之編著（二〇〇七）『創造都市への戦略』晃洋書房。

ジェーン・ジェイコブズ、中村達也・谷口文子訳（一九八六）『都市の経済学―発展と衰退のダイナミクス』阪急コミュニケーションズ（絶版。英語版 *Cities and the Wealth of Nations* はリプリント版が入手可能）。

進化経済学会編（二〇〇七）『進化経済学ハンドブック』共立出版。

リチャード・フロリダ、井口典夫訳（二〇〇七）『クリエイティブ・クラスの世紀』ダイヤモンド社。

リチャード・フロリダ、井口典夫訳（二〇〇八）『クリエイティブ資本論―新しい経済階級の台頭』ダイヤモンド社。


（塩沢由典）

2章 産業論・環境論と創造都市（1）

1 創造都市において創造性をかきたてるアート（芸術文化）の重要性

わが国における文化経済学からの創造都市論の第一人者である佐々木雅幸が、自著佐々木（二〇〇一）で「創造都市とは、人間の創造活動の自由な発揮に基づいて、文化と産業における創造性に富み、同時に脱大量生産の革新的で柔軟な都市経済システムを備えた都市」と規定するように、一般に創造都市論では、広義のアート（芸術文化）の果たす役割を重視します。

都市において創造性を発揮する中心的な人材（その最大の候補者は、いわゆる若者（精神年齢が若い高齢者まで含む）ですが）、こうした創造都市の担い手である若い世代の創造性をかき立てるのに、文化芸術、アートは非常に重要な役割を果たすからです。

また、この点は欧米の間で若干立場が違いますが、サイエンス（科学）も、アートと並んで、人々の好奇心をかきたて、付加価値を高める重要なファクターと考えられています。

2　文化の固有価値

まちづくりにおいて、近年、地域の歴史・文化を大切にしようという考え方が主流となっています。これについては次章でもとりあげますが、その源流となるのが、文化の固有価値という考え方です。たとえば、池上淳（一九九八、二〇〇三）は、J・ラスキンの固有価値論を現代情報化社会のなかで再構成し、従来の物的所有社会から知的所有中心の社会へと転換する新たなシステムを構想することを提案しています。

芸術文化や都市の歴史的遺産に関する価値感などは、日本よりも欧米の方が強いといわれ、国によっても異なります。芸術文化を大切に思い税金を振り向けようとする気持ちや都市の歴史的遺産を大切に思いそれを残そうとする気持ちは、結局はそうしたものへの選好構造の違いによるところがあります。したがって、人間社会への長期的なリターン・ベネフィットという観点から考えてみても、文化の固有価値を強調すべきであるとする文化経済学の考え方は、現代経済学の中でも重要性をもっていると思われるのです。

3　「創造の場」「創造的環境」（クリエイティブ・ミリュー）の理論

創造都市をつくる理由は、創造的人材が群れ集い、そこで知識やアイディア等の交流をおこなうことによって、新しい産業や文化を創造することを期待するからですが、それには、多くの創造的人材が交流する密度の高い社会が必要で、都市こそ、そのような高密度な環境になりうるわけです。

ここに、ランドリーなどもその重要性を指摘している「創造的環境」（クリエイティブ・ミリュー）の理論が重要になってくるのです（佐々木は「創造の場」と表現しています）。この考え方には、①経営論的なアプローチ、②学習論的なアプローチ、③空間論的なアプローチなどがありますが、次章以降で詳説します。

4　「創造産業」（クリエイティブ・インダストリー）の理論

「創造産業論」の嚆矢は、イギリスの文部省にあたる「文化・メディア・スポーツ省（ＤＣＭＳ＝Department for Culture, Media and Sport）」がおこなった報告書です（ＤＣＭＳ一九九八、二〇〇一）。この背景には、ブレア労働党政権が採用した「第三の道」（ブレアのブレーンであるロンドン大学社会科学院ＬＳＥのアンソニーギデンズが影響をあたえたとされる）路線にもとづく、創造性を引き出す芸術文化政策があったといわれています（佐々木二〇〇六）。

この、あまりに有名なＤＣＭＳの定義によれば、「創造産業」とは、「個人の創造性や技能、才能に由来し、また知的財産権の開発を通して富と雇用を創出しうる産業」のことです。具体的には、広告、放送、デザイン、ファッションデザイン、コミュニケーション・デザイン、建築設計、編集、批評、報道、映像、映画、ビデオ産業、美術・イラストレーション、手芸・クラフト、美術品アンティーク、音楽産業、舞台芸術、出版、ゲーム・ソフトウエア開発、コンピュータ・サービスなどがあげられています。

こうした創造産業は、特にロンドンでは一般のビジネスについて第二位の生産額を上げ、イギリス全体でもＧＤＰの四パーセントを占めているとの衝撃的な報告がされたのです。また創造産業は、成長率からみてももっとも有望な二一世紀型産業であるとして、イギリスでは、その後の産業政策の中心となりました。

5　「創造階級」（クリエイティブ・クラス）の理論

アメリカで創造産業論を展開している代表選手であるリチャード・フロリダは、有名な三部作（フロリダ二〇〇四a、b、二〇〇五）において、アメリカに「創造階級（クリエイティブ・クラス）」が勃興しつつあり、二一世紀のアメリカの盛衰は、そのような人を集められるかどうかにあるとしました。

この「創造産業」「創造階級」という考え方は、いわゆるサービス経済化の考え方をある面で修正・精密化したものといえます。もともとサービス業（第三次産業）とは、明確な定義のある第一次産業、第二次産業以外の「その他分類」としての性質をもっています。したがって、種々雑多な多様な産業が含まれており、問題があったといえます。

特に、ポスト・フォーディズムの脱工業化社会においては、サービス業の中に、「低次の定型的サービス業（ファーストフードなど）」と「金融・中枢管理などの高度な管理職サービス業」など、性質が極端に異なったものがすべて分類されており、このような、サービス業の二極分解にもとづく社会の危険性が指摘されてきました。

創造階級の考え方には、サービス経済化と同じような脱工業化社会経済論ではありますが、人々が創造性を発揮できるようなより高付加価値の活動を重視することによって、人間がより人間らしく生きられる社会を目指し、こうした二極分化を乗り越えようとするアイディアも入っていると考えられます。

フロリダなどアメリカの研究者は、ヨーロッパ流の文化産業に従事する芸術系の人々に加えて、いわゆるハイテク産業（IT、バイオ、ロボットなど）に従事するエンジニアや科学者も含め、これらを超創造階級（スーパークリエイティブコア）と規定し、それに関連産業の人々を加えたものを創造階級とよび、それが二一世紀の都市、国家の力の源泉であるとして重視しました。

さらに、フロリダの最近刊（二〇〇五、日本語訳有り）では、全社で数万件の「カイゼン」提案を出すトヨタなどの組織においては、その「カイゼン」のアイディアを出す現場の工員も創造階級であるとしており、製造業従事者も含まれるとしています。

要は「クリエイティブ」であるかどうかが重要なのです。このようなことからも、こうした「高付加価値」「創造性」「人間性を引き出す職場」といった面を強調する「創造産業論」の概念こそ、これまでのサービス業、文化産業、製造業といった既存の産業分類論を乗り越え、二一世紀における産業の高付加価値化・人間化の潮流をとらえる優れた面をもっていると考えられます。

6　創造都市の指標――３つのＴの理論

最後に、フロリダの興味深い見方を紹介しておきましょう。フロリダらが、全米で成長している成功都市の共通点を、指標化して調べたところ、成功している都市や組織には、共通の特徴がみられたというのです。それは、俗に「３Ｔ」とよばれる「①タレントすなわち才能」「②テクノロジーすなわち技術」「③トレランスすなわち寛容性」という特徴でした。この３つの性質を多く備えている都市ほど、創造性が高く、活性化しているというものでした。この発見は、特に③の特徴が、「ゲイ」の数などで表現されたので（すなわち「ゲイ・インディックス」とよばれた）、物議を醸し出したことでも有名です。

実際は、この３Ｔ指標が高い都市は、西海岸の都市やハイテク都市・大学都市などに対応します。そうした都市は、もともとイデオロギー的にもリベラル（自由主義的）な価値観が強いところなので、「ゲイ」が直接創造性に関与するというよりも、リベラルな考え方の都市がそれを容認しやすく、ハイテクやアートが育ちやすいことに直接関係するのはそうしたリベラルな考え方の強さであるという解釈も考えられます（隠れた相関）。

創造都市論は、また、ランドリーや、わが国の佐々木雅幸、矢作弘などによって、都市再生の切り札という側面からも研究が進められています。

参考文献

池上惇他編（一九九八）『文化経済学』有斐閣ブックス。

池上淳（二〇〇三）『文化と固有価値の経済学』岩波書店。

佐々木雅幸（一九九七）『創造都市の経済学』勁草書房。

佐々木雅幸（二〇〇一）『創造都市への挑戦』岩波書店。

佐々木雅幸（二〇〇三）「特集：都市論のフロンティア：創造都市論――大阪は創造都市になりうるか」『都市研究』第3号。

佐々木雅幸（二〇〇六ａ）「創造都市の大阪モデルを求めて」『創造都市研究』第1巻創刊号。

佐々木雅幸（二〇〇六ｂ）「大阪を創造都市に」（塩沢由典・問藤芳樹編『創造村をつくろう！』晃洋書房）。

ジェーン・ジェイコブス、中村達也・谷口文子訳（一九九四）『都市の経済学――発展と衰退のダイナミクス』ＴＢＳブリタニカ（原著一九八四）。

Ｃ＆Ｃ振興財団監修、原田泉編、上村圭介・木村忠正・庄司昌彦・陳潔華・土屋大洋・山内康英（二〇〇七）『クリエイティブ・シティ――新コンテンツ産業の創出』ＮＴＴ出版。

矢作弘他（二〇〇五）『持続可能な都市――欧米の試みから何を学ぶか』岩波書店。

吉本光宏・国際交流基金（二〇〇六）『アート戦略都市――ＥＵ・日本のクリエイティブシティ』鹿島出版会。

Charles Landry（2000）*The Creative City: A Toolkit for Urban Innovators*, Earthscan Pubns Ltd.（後藤和子監訳（二〇〇三）『創造的都市』日本評論社）。

David Throsby（2001）*Economics and Culture*, Cambridge University Press（中谷武雄・後藤和子監訳（二〇〇二）『文化経済学入門――創造性の探究から都市再生まで』日本経済新聞社）。
Richard Florida（2004a）*Cities and the Creative Class* Routledge.
Richard Florida（2004b）*The Rise of the Creative Class* Basic Books.
Richard Florida（2005）*The Flight of the the Creative Class* Collins（井口典夫訳（二〇〇七）『クリエイティブ・クラスの世紀』ダイヤモンド社）。

（小長谷一之）

3章　産業論・環境論と創造都市（2）

1　創造産業と創造性

この章では創造都市の発展を支える創造産業に注目するとともに、創造性の源泉はどこからもたらされるのか、少し理論的に考えてみたいと思います。まず、創造産業について概観した後で、創造性を生み出すもととなる「創造の場」について検討していくことにしましょう。

創造産業は、創造都市を持続的に発展させるエンジンであるといえます（佐々木二〇〇七）。知識経済の時代において創造産業の育成は世界的に注目されていますが、なかでもイギリスは、一九九七年にブレア首相が登場して以来、本格的な政策的後押しを開始していることで知られています。(1)

イギリスの文化・メディア・スポーツ省（DCMS）は、創造産業の定義を「個人の創造性、スキル、才能にもとづき、知的財産権の発達を通じて富と雇用を創造する可能性をもった産業」とした上で、具体的な産業を特定しています。(2) それは、広告、映画・映像、建築、音楽、美術品・アンティーク市場、舞台芸術、コンピューター・ゲームソフト、出版、クラフト、ソフトウェア、デザイン、テレビ・ラジオ、デザイナーファッションの一三業種です。

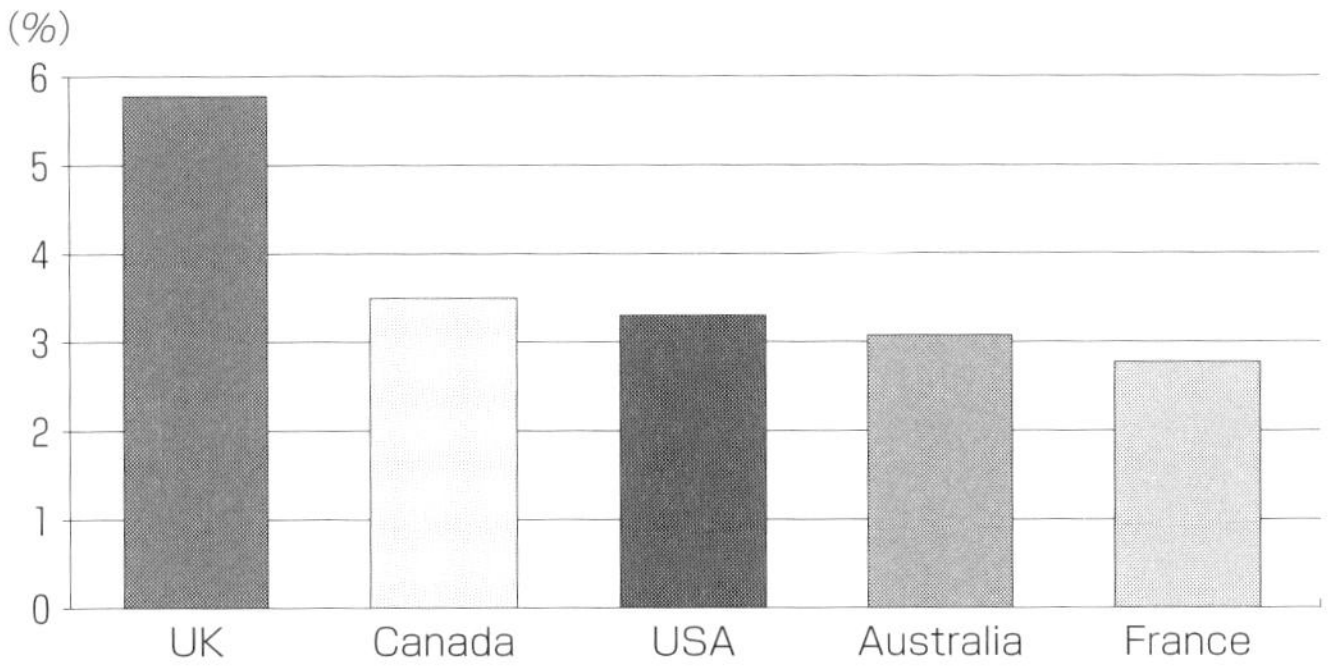

図3－1　各国別に見た創造産業の対GDP比

注） Country estimates are drawn from a range of national sources for different years between 1998 and 2003.
出所） DCMS (2007) より.

イギリスの創造産業の産業全体での位置づけを見てみましょう。二〇〇五年には、クラフトとデザインを除く創造産業が、国全体の総付加価値（Gross Value Added）の七・三パーセントを占めています。創造産業の総付加価値は、一九九七年から二〇〇五年にかけて年平均六パーセント平均で成長しており、同時期のイギリスの年平均が三パーセントであることを考えれば、なかなかの成長部門であるといえます。雇用面でも、一九九七年の一六〇万人から二〇〇六年の一九〇万人へと年二パーセント平均（国全体では一パーセント）での増加が認められます。図3-1は、各国のGDPに占める創造産業の割合を示したものですが、イギリスの創造産業は世界的に見ても突出しています。創造産業の振興に力を入れているのもうなずけるわけです。(3)

さて、話を戻しましょう。創造産業は、歴史的な視野で見ると、「創造的な人材や資産を、一つの大きな会社が抱え込む垂直的統合から、独立した個人や小さな会社が、プロジェクトごとに契約によって一緒に仕事をする水平的なネットワークに変化して」きたという特徴を持ちます（後藤二〇〇七）。たとえば、ハリウッドの映画産業などがその好例です。一般に、大会社が今まで抱えていた工程や事業を下請けに出したり外部化したりするとき、産業の地域的集積が力を発揮します。地理的に近接することで、取引相手を探したりきちんと契約を守るか監視したり、といった活動にかかる取引費用に加えて、人やモノの輸送費が安く済むと考えられるからです。

創造産業は地域的に集積する傾向を強く持った産業ですが、後藤によると、今日においては、それは取引費用に起因するものではありません。「創造的産業の多くは、ある地域に集積することが多いが、それは、取引費用の削減というよりも、こうした知識や経験、ノウハウなどの蓄積やネットワークの強みが、創造的な仕事を試行する人々をひきつけ、イノベーションの源泉となっているためであろう。ある地域には、そうした目に見えない資産がストックされているのである」としています（後藤二〇〇七）。

創造産業においては、個人と集団の創造性を支える目に見えない資産をいかにして築き上げていくのかといったことが大切になるのです。

2　「創造の場」と知識創造

創造産業は、人々の創造性の発揮にもとづくものです。それでは人々の創造性、また人々が集まり高密度に交流することで得られる集団的な創造性は、どのような環境のもとで得られるのでしょうか。この問題を考える上で、佐々木雅幸が指摘する「創造の場」の役割が重要です（佐々木二〇〇三）。「創造の場」とは、特定の時空間の中で、知識創造が活発におこなわれる共有された文脈のことを指します。佐々木の「創造の場」というアイデアは、知識創造論で国際的に著名な経営学者・野中郁次郎の知識創造と場の理論からヒントを得ています。それは、場（ba：place）と呼ばれる関係性の空間の中で、人々が相互作用することによって新たな知識がダイナミックに創造されていく過程を理論化したものです。

まず、暗黙知と形式知という二つのタイプの知識を区別する必要があります。暗黙知とは直感やスキルなど言葉では容易に表現することができない知識のことで、マイケル・ポランニーによってはじめて提起されたものです。たとえば、日本のものづくりを下支えしてきた、東京・大田区や東大阪の町工場で働く熟練労働者が有する高度な技能は、親方・先輩の仕事ぶりから学んでいくものですが、それは身体を介した経験によって育まれるもので、まさしく暗黙知の代表例であるといえます。これに対し、形式知とは学校で学ぶ知識のように言葉や文章での伝達が可能で、コード化しうる知識のことです。

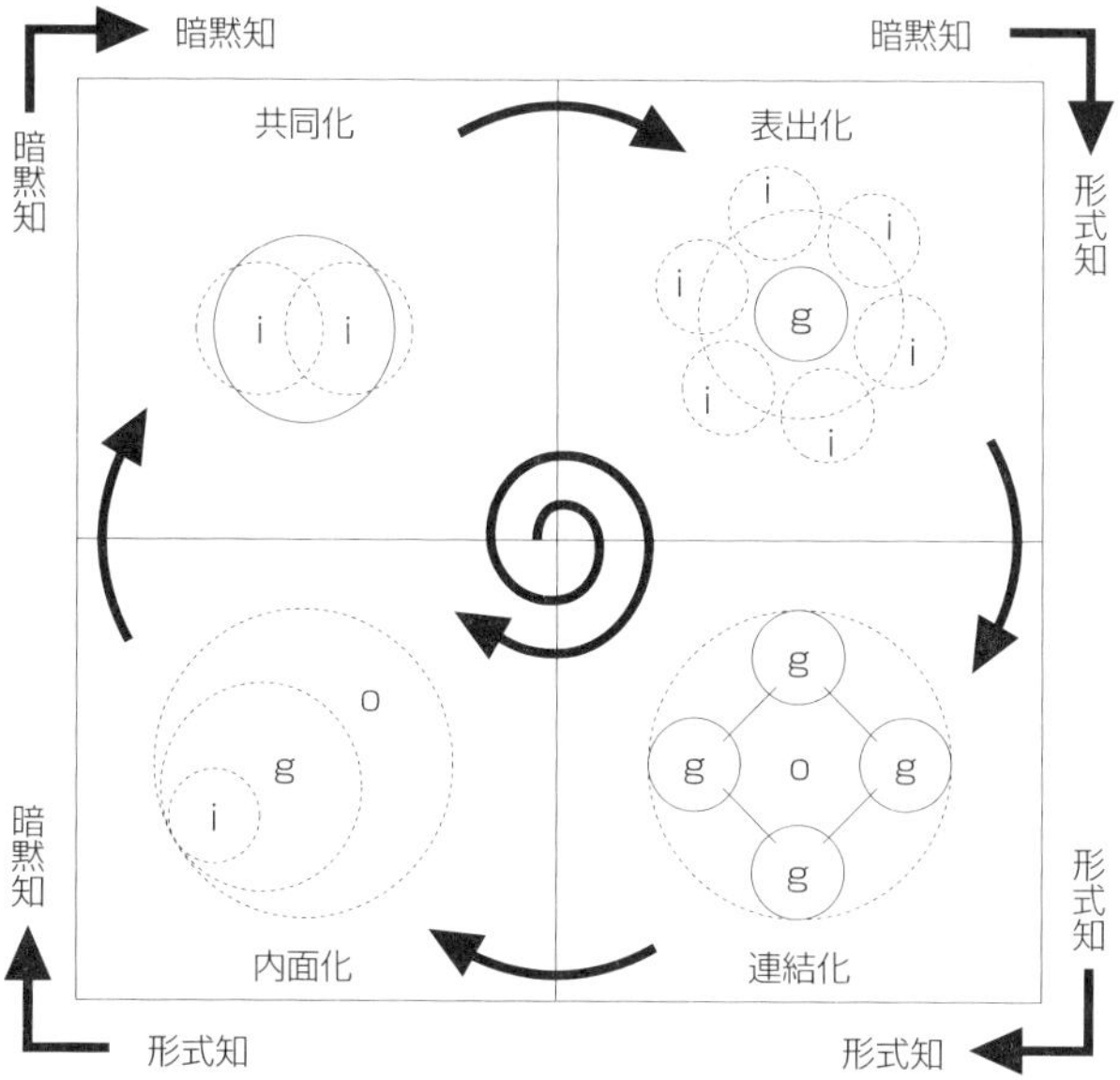

i：individual（個人）　g：group（集団）　o：organizalion（組織）

図3－2　SECIモデル

出所）野中・紺野（2000, p. 57）を基に作成.

野中・竹内（一九九六）は、暗黙知から形式知への変換をともなう知識創造の仕組みをSECIモデルとして描いてみせました（図3-2）。個人が有している暗黙知をメタファーやアナロジーを活用しながら集団として共有し（共同化）、それを形式知として広く移転可能な形へと変換し（表出化）、形式知を共有し（連結化）、さらにそれが再び個人の中で血肉化された暗黙知となっていくという（内面化）、知識創造のスパイラルです。こうした知識創造が活発におこなわれる関係性の空間が「場」と呼ばれます。野中＝

竹内らの知識創造と場に関する理論は、主として企業の製品開発などイノベーション活動を説明するために生み出されたものですが、知識創造一般に応用が可能です。

創造都市における「創造の場」においては、それが産業活動であれ文化活動であれ、多様な背景や才能を持つ人々が、組織の枠を超えて集まり密に交流することで、個人の暗黙知が共有化され、さらにそれが具体的な形をとった成果として結実していくことが望まれます。産業活動であれば新製品・新技術・新しいビジネスモデルなど、文化・社会活動であれば、芸術・アート・ハイカルチャー・サブカルチャーの創造、あるいは社会問題の解決など、活動領域に応じた成果が期待されます。そして、佐々木（二〇〇三）が指摘するように、「創造の場」が、都市や地域の中に多様にかつふんだんに存在することで創造都市が成立し、人々の創造性を発揮する環境が整えられることになります。

3　イノベーティブ・ミリューと都市

「創造の場」とよく似た考えに「クリエイティブ・ミリュー（創造的環境）」や「イノベーティブ・ミリュー（革新的環境）」といった言葉があります。創造性かイノベーションかという違いはありますが、ミリューについては同じような意味合いとして考えてよいでしょう。ミリュー（milieu）というのはフランス語で「環境」のことを意味します。日本では、風土と訳して使うこともありますが、最近ではそのままミリューと表記することが多いようです。チャールズ・ランドリーのような創造都市の研究者はクリエイティブ・ミリューという言葉をよく使っていますが、ここでは産業活動を念頭において、イノベーティブ・ミリューについて考えることにしましょう。

イノベーティブ・ミリュー論は、一九八四年にパリ第一大学のエイダロによって提起されて以降、「イノベーテイブ・ミリューに関するヨーロッパの研究者グループ」（GREMI：Groupe de recherche européen sur les milieux innovateurs）を中心に研究が蓄積されてきました。基本的な認識は、「革新的な企業はローカルな環境から生み出されるものであってそれより先に存在するものではない。革新的行動は、本質的に局所的もしくは地域レベルで決まる諸変数に依存している」というエイダロの言葉に示されています（Aydalot 1986）。これは、イノベーション活動の孵化器として環境を捉える視角であるといってよいでしょう。とはいえ、二〇年以上の歴史の中でミリュー論の中身は変化してきました。また、論者によっても強調点には幅があります。ここでは、GREMIの代表を務めるミラノ工科大学・カマーニの最近の議論にもとづいて、その理論的なエッセンスを示すことにしましょう。

　カマーニ（Camagni 2003）によると、イノベーティブ・ミリューは、「産業地域の中小企業にイノベーション能力を提供するような関係性の束」です。イノベーション活動の文脈という点では場の理論と類似しています。ただし、ミリュー論においては、現実の地理的領域が問題とされていることに留意する必要があります。ミリューは、生産システム、集団、表象（人々が頭の中で思い描く外的世界の姿）、産業的文化といったものが歴史をかけて渾然一体となったものであり、地理的領域と不可分です。

　ミリューの強みは、基本的には、地理的近接性と社会文化的近接性にあります。社会文化的近接性とは耳慣れない言葉ですが、行為モデル、信頼、言語、表象、倫理観、認知コードが、人々の間で共有された状態をいいます。たとえば、日本の地場産業地域などをイメージしてください。多くの場合、ものづくりと暮らしの距離が近く、相手が何を考えて何を伝えようとしているのか、といったことが非常に良くわかる関係が築かれています。これはもちろん、まった新しいアイデアや知識が生まれない、もしくは受け入れられにくいといったデメリットもありますが、カマーニが「関係的資本（relational capital）」と呼ぶような、協力的な態度、信頼、結束、帰属意識の基盤となります。[4]

表3-1　カマーニによる都市の役割

	領域的アプローチ	ネットワーク・アプローチ
機能的アプローチ	クラスターとしての都市 ・活動の多様化と専門化 ・外部性の集中 ・近接性にもとづく接触密度 ・取引費用の削減	相互連結としての都市 ・複合的・相互作用的な輸送・経済・通信ネットワークにおける結節点 ・場所と結節点の相互連結
象徴的アプローチ	ミリューとしての都市 ・不確実性の削減 ・情報のコード変換 ・個人的意思決定の事前調整 ・集団学習のためのベース	象徴としての都市 ・時間と空間の克服 ・領域支配の象徴 ・象徴・コード・言語の生産

出所）Camagni（2001, p. 103）を基に作成.

地理的近接性と社会文化的近接性は、ローカルな労働市場における労働力移動やイノベーションの模倣を通じた技術・知識移転だけではなく、アクター間のコミュニケーションを円滑にすることで、集団学習を促進して活発な知識創造をもたらします。そこでは、一企業単独では生まれないような、三人よれば文殊の知恵といったタイプのシナジー効果が生まれます。加えて、取引上のメリットもあります。取引の中で、契約にあらかじめ記載できないような不測の事態が起こったときでもスムーズな対処がおこなわれたり、機会主義的行動が抑制されたり、分業の進展によってスピンオフが促進されたり、といったメリットが得られます(5)。

イノベーティブ・ミリュー論は、ものづくりの地域を対象に構築されてきましたが、近年では都市研究まで視野に入れるようになってきています。表3-1は、カマーニが都市の機能について整理したものです（Camagni 2001）。ここでは都市を面的な広がりとして捉える、領域的アプローチに限って話を進めましょう(6)。

クラスターとしての都市は、従来からの見解を引き継ぐものです。都市の成立は、産業の地理的集積を基盤としていて、集積によって生じる経済（節約）が都市の成長を導いてきました（長尾・立見二〇〇三）(7)。たとえば、集積のメリットとして都市化の経済と呼ばれるものがあります。これは、多数の異質なアクターが相互に近接して立地することによってもたらされる費用の削減効果のことです。それは、規模が大きく多様な労働市場、社会資本をはじめとするインフラストラクチャー、関連産業の存在といったことから得られる効果です。図中では、これに加えて、一方は知っているけどもう一方は知らないといった情報の非対称性に由来する取引費用を低下させる役割も上げられています。

これに対し、ミリューとしての都市は、ダイナミックで創造的な活動の基礎となるものです。現代のように、技術進歩の速度が早く、消費者のニーズも多様でめまぐるしく変化する不確実性の高い時代には、ミリューとしての都市が実力を発揮します。地理的近接性と社会文化的近接性にもとづいて、不確実性の闇の中でも事業活動をおこなうことが可能になります。くわえて重要な点は、ミリューが集団学習の基礎を提供するということです。ミリューの共有によって、ＳＥＣＩモデルのような知識創造のプロセスが都市全体として発揮されるようになります。こうした集団学習の基盤は、「関係性資産」とも呼ばれます（長尾・立見）。都市の「関係性資産」を育むことによって、創造産業の創造性の源泉が多様かつ豊富に存在することが望まれます。

4　おわりに

「創造の場」「イノベーティブ・ミリュー」といった創造性の源泉に迫る試みについてみてきました。知識経済化が進む今日、創造産業に限らず広範な部門で知識創造と学習が企業の競争力を左右するようになってきています。「創造の場」や「イノベーティブ・ミリュー」といった視角が、ますます重要となることは間違いないでしょう。知識創造と学習に関しては、これらの二つのアプローチに限らず、近年活発に理論研究がおこなわれています。創造性の源泉となる場ないしは空間を生み出していく実践が第一に重要ですが、それとあわせて、創造性が生み出さ

れるメカニズムを学問的にいっそう掘り下げていく努力が必要であるといえます。(8)

注

(1) 創造産業については佐々木（二〇〇三、二〇〇七）を参照。

(2) イギリスの創造産業については、文化・メディア・スポーツ省ＤＣＭＳのＨＰに詳しい情報があります。二〇〇八年二月一三日閲覧。(http://www.culture.gov.uk/what_we_do/Creative_industries/)

(3) ＯＥＣＤの定義では、ソフトウェア、コンピューター・サービス、コンピューター・ゲームは創造産業のカテゴリーから除外されています。また、各国の数字は一九九八年から二〇〇三年までの異なる時点でとられていることに注意する必要があります。

(4) 新奇知識の流通のためには、地域外とのネットワークが重要であるといわれています。

(5) 経済理論との関連では、ミリューは、次の三つの効果をもつとされています。第一に、意思決定やイノベーションの過程に固有の不確実性を削減し、市場の機能を補完する効果です。第二に、経済アクター間で生じるコーディネーション問題の解決があります。これによって集団での行為が容易になります。そして第三の効果は、労働市場やローカルな産業活動のなかで生まれる集団学習です。新規知識の獲得や行動能力の形成がもたらされます。

(6) クラスターとしての都市とミリューとしての都市は、実は想定している人間像が大きく異なります。縦軸の「機能的アプローチ」と「象徴的アプローチ」は、どういう人間を想定するのか、あるいは私たちのどのような行動に注目するのかという区別にかかわるものです。前者は、私たちが高度な情報収集および処理の能力をかねそろえていて、客観的にみて合理的な行動をとりうる場合を想定しています（実質的合理性）。これに対し、後者は、そのような能力をもっていないが、実現可能な範囲で熟慮に基づいた適切な行動をとるような場合を想定しています（手続合理性）。

(7) 都市における集積の経済は、「局所的集中の経済」と「都市化の経済」に大きく区別することができます。前者が特定産業の集積を対象とした規模の経済であるのに対し、後者は多種多様な産業の集積に基づく経済性を指します。いずれも費用削減の効果を重視するものです。

（8）　たとえば、コンヴァンシオン経済学（EC）という、フランスの制度経済学の一部の展開は、次のような二つの次元を考慮した集団学習の仕組みを探究していて示唆に富みます。一つは、知識は人間の「頭の中」だけではなく、モノや制度の中にも社会的に分散して存在しうるという視点です。この見方によれば、集団学習は、人、モノ、制度、それらの空間配置から構成される状況の中でおこなわれます。モノの役割を考慮することで、集団学習への純粋に観念的なアプローチを回避することができます。状況学習と呼ばれる分野とも接点のある議論です。もう一つは、集団における合意獲得のための正当化プロセスの重視です。たとえば、イノベーションを生み出す上で、知識を共有しそれを具体的な製品や事業として具体化していく必要が生じます。その際に、どのようにして、人々が自分の主張を正当化し、他者との合意や協力関係を構築することができるのかを考えなくてはいけません。ECについて、詳しくは、エイマール・デュブルネ（二〇〇六）を参考にしてください。

参考文献

後藤和子（二〇〇五）『文化と都市の公共政策――創造的産業と新しい都市政策の構想』有斐閣。

後藤和子（二〇〇七）「創造性へのインセンティブと都市政策――文化政策と産業政策の総合の視点から――」、佐々木雅幸＋総合研究開発機構『創造都市への展望』学芸出版社。

佐々木雅幸（二〇〇三）「創造都市論――大阪は創造都市になりうるか――」『都市研究』第3号。

佐々木雅幸（二〇〇七）「創造都市論の系譜と日本における展開――文化と産業の「創造の場」に溢れた都市へ――」、佐々木雅幸＋総合研究開発機構『創造都市への展望』学芸出版社。

長尾謙吉・立見淳哉（二〇〇三）「産業活動の資産としての都市――大都市の関係性資産と産業再生――」、安井國男・富澤修身・遠藤宏一編著『産業再生と大都市――大阪産業の過去・現在・未来――』ミネルヴァ書房。

野中郁次郎・竹内弘高（梅本勝博訳）（一九九六）『知識創造企業』東洋経済新報社。

野中郁次郎・紺野登（二〇〇〇）「場の動態と知識創造：ダイナミックな組織知に向けて」、伊丹敬之・西口敏広・野中郁次郎編著『場のダイナミズムと企業』東洋経済新報社。
フランソワ・エイマール - デュヴルネ（海老塚明ほか訳）（二〇〇六）『企業の政治経済学——コンヴァンシオン理論からの展望——』ナカニシヤ出版。
P. Aydalot（1986）"Présentation de Milieux innovateurs en Europe", in Aydalot, P. ed. *GREMI* : 9-14.
R. Camagni（2001）'The Economic Role and Spatial Contradictions of Global City-Regions : the Functional, Cognitive, and Evolutionary Context'. in Scott, A. J., "*Global City-Regions : Trends, Theory, Policy*", New York : Oxford University Press : 96-118.
R. Camagni（2003）"Regional Clusters, Regional Competencies and Regional Competition", paper delivered at the international conference on "Cluster Management in Structural Policy-International Experiences and Consequences for Northrhine-Westfalia".
DCMS（2007）"*Staying ahead : the economic performance of the UK's creative industries*".

（立見淳哉）

4章 空間論と創造都市

1 創造都市における空間の重要性

創造的な人々が参集し、産業や文化を生み出す機能が活発になる創造都市の構築においては、「創造の場」の理論のように、集積の経済、すなわち、創造的な人々がお互いに空間的に近接したところで住み、働くことによって、協働と競争が生まれ、それによって新しいアイデアや思想が生まれてくるというプロセスが非常に重要な役割を果たしていることがわかります。すなわち、クリエイティブな人材が互いに接近して活動をおこないクリエイトする空間が重要なのです。このような空間をつくることが創造都市論の中に組み込まれているということになります。また、創造的なまちづくりにおいても、空間が重要なことはいうまでもありません。

ここでは、『創造都市への戦略』（塩沢・小長谷編二〇〇七）で紹介された、既存の建物を活用（リノベーションといます）して、そこに学校教育機関等を入れる具体的な例を念頭において考えてみましょう。具体的には、歴史的建築物の銀行の建物をリノベーションして芸術大学大学院を誘致し、それを拠点にウォーターフロントを「創造界隈」として整備をはかっている横浜市の事例や、歴史的建築物の小学校の建物をリノベーションして大学のマンガ学部と連携してマンガミュージアムをつくり、それを拠点に御池通をシンボルロードとして活性化をはかっている

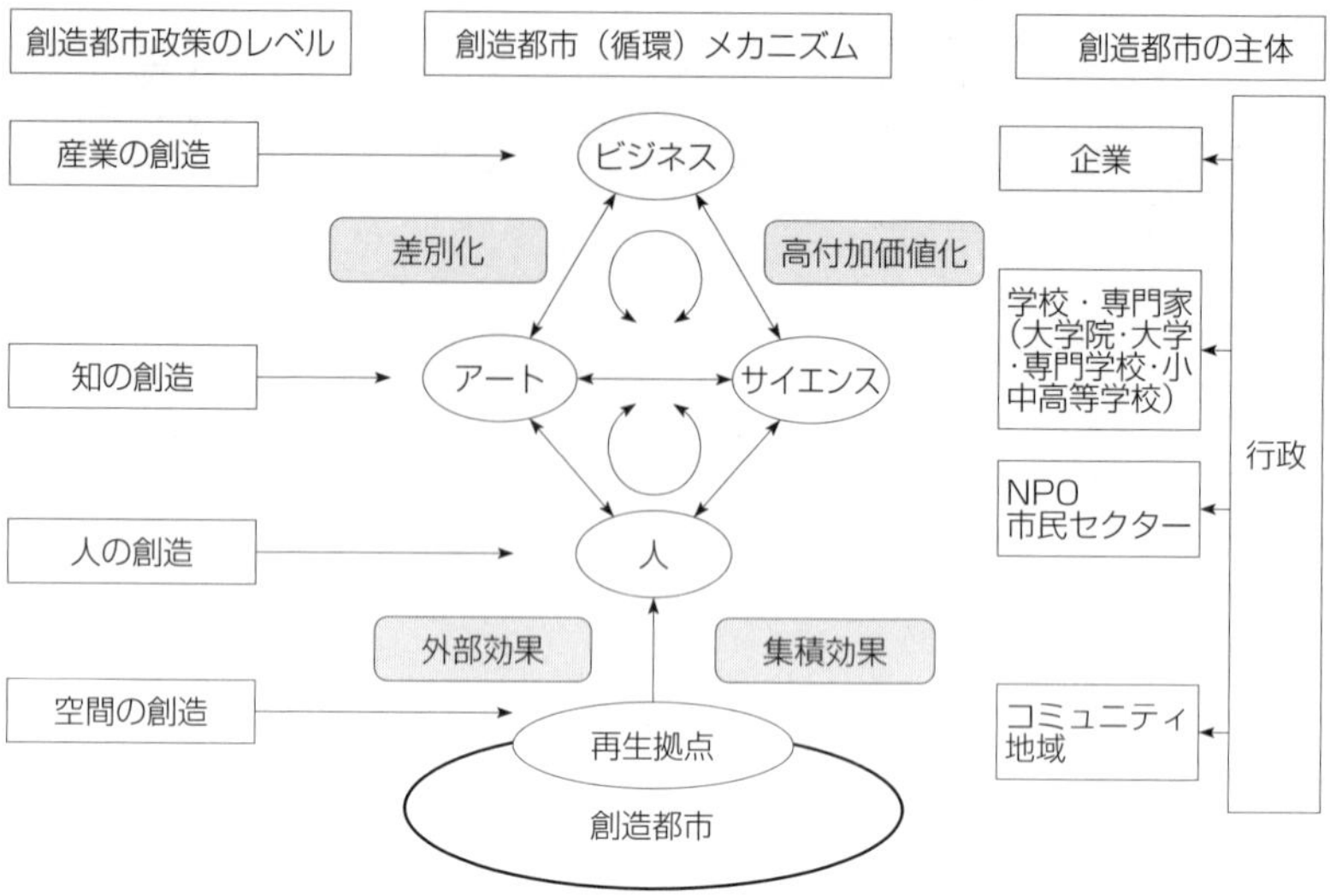

図 4－1　空間論と創造都市戦略：創造都市メカニズム循環を促す

出所）塩沢・小長谷編『創造都市への戦略』の第 2 章図を修正.

京都市の事例などが想定されます。

2　空間の創造
――リノベーション／コンバージョン戦略

横浜や京都のように、多数の都市で、創造的まちづくりにおいては、歴史的建築物のリノベーション（改修による価値向上）／コンバージョン（用途転換による価値向上）が、代表的手法となっています。その理由は、①財政難時代における効率性、②創造性をかき立てる創造的雰囲気の創出、③都市の歴史・文化の真正性の維持、にあると思われます。

①マーケティングについて論じる後章でもあきらかにしますが、リノベーション（再活用）／コンバージョン（用途転換）を単にするだけでなく、それに新規で斬新なソフト機能（学校やアートと深い関係がある）を入れることによるまちづくりは成功しやすいのです。多くの古い都市でおこなわれている「町屋再生型まちづくり」はこの原則に相当します。一見特殊なように

みえるこのやり方が、なぜ成功しやすいのでしょうか？

その答えは小長谷（二〇〇五）、塩沢・小長谷編（二〇〇七）で示されましたが、この町屋再生プロジェクトは、一般のビジネスの成功原則「ポーターの競争優位マトリックス」（＝コストをおさえて差別化をはかる）に、まちづくりの分野で相当する対応原理であったのです。一見マニアックなように思われるこのリノベーション戦略は、実は、ビジネス成功の大原則に忠実に従っている、経営論的にも合理的な方法であることがわかります。

②また、デザイナー・アーティスト・プランナー・サイエンティストなど、創造性を目的とする職業の人々（創造階級、フロリダ二〇〇四）は、なによりも創造的雰囲気を好むという性質をもち、そのような都市を嗜好します。これが、創造的雰囲気の街区をつくることにより創造階級の人々があつまってくるという原則です。このように、経済活動をおこなう主体が空間的に互いに影響を及ぼしあう効果を「外部効果（エスクターナル・エフェクト）」といいます。すでにある創造的街区のもつ創造的雰囲気が、あらたに創造的な人材を引き寄せるようにすることが創造都市構築を促す秘訣ということになります。創造的な人材がやってきて、しかも互いにフェイス・トゥー・フェイスの接触（対面接触）のできる近くに集積することによって、ますます創造的なアイデアの交換が促され、新しい芸術文化や新しいビジネスが起こる可能性が高くなります。こうした効果が積み重なって都市の集積の利益が発生するわけですから、都市内のある小地区を選んでそこを創造都市の拠点にするのです。

③最後に、近隣にない歴史的まちなみ・歴史的建築物などはそれ自身に価値があります。これらは、こわしてしまえば再現の難しい都市自身の固有価値です。マーケティングについての後章で説明するように、その街だけのもつ歴史は、他の街との都市間競争が厳しい二一世紀においては、貴重な「差別化」の源泉になりうるのです。このように「差別化」という経済・経営論的概念からみても、都市の歴史的価値を守ることは、合理的な考え方といえます。また社会全体として、人間的な潤い、ふれあいを求める志向が高まっており、この面からも、歴史的な街

区を整備し、そこを創造的人材の集積する創造的街区とすることは理にかなっています。

3　人の創造――人材を集める

上記のように、再生拠点を作り、創造的空間（創造的街区）を作ることができれば、そこに創造的人材を集積させる可能性があります。

①超創造的中核階級（スーパー・クリエイティブ・コア）：創造的人材とは、前章の「創造階級」で述べたように、フロリダのいう、アーティスト・プランナー・サイエンティストなど、創造性を目的とする職業の人々（フロリダ二〇〇四）が一つの例になります。

②関連する分野の人材：こうした典型的に創造的な職業だけでなく、それに関連する専門職などの多数の分野はすべて創造的人材の宝庫になります。

横浜でも、馬車道から新港エリアにかけての「創造界隈」には、クリエータなどが多数活動するようになっていることが報告されています（塩沢・小長谷編（二〇〇七）の北村の章）。この意味で、同市の創造都市戦略は成功だったといえるでしょう。

上記の「空間の創造」でもわかるように、創造都市では「創造的空間の創造」というまちづくり戦略も必要なので「たかがハコモノされどハコモノ」という面があるのですが、それでも、創造都市の拠点として、単なるハコモノの整備でなく、それにソフトな仕組み（学校・地元等との連携、コンソーシアム的機能＝①専門的知識、②情報ネットワーク、③人的ネットワーク）を結びつけることにより広がり・深みをもたせ、活性化することが重要なわけです。

すなわち、

ハードの整備（既存ストックの活用）＋ソフト機能の付加

という二重構造こそ大事です。

塩沢・小長谷編（二〇〇七）における横浜や京都の事例でも分かるように、実は、このソフト機能の有力候補が学校です。また、人の創造という点からも、広義の学校（大学・大学院、専門学校、小中高のほか、セミナーなどの教育機能も含む）がもつ特性は、創造都市構築にとってなくてはならない重要なものといえます。

(1) 学校＝「若者装置」「集客装置」：　学校が立地することによって、多数の学生・受講生がその都市に日々訪れ、人の流れができます。それにより、都市のなかで関連の飲食などのサービス需要も活発化します。

(2) 学校＝「創造装置」：　彼らや先生方がそこで活躍して、新しい知を学び、そして新しく知を生産することこそ、重要な点です。

(3) 学校＝「ネットワーク装置」：　また、卒業生も来るようになれば、同窓生は何千人、何万人もいるわけですから、学校とは「ネットワーク装置」でもあるわけです。新産業の創出には、大学のネットワークが非常に重要な働きをしています（たとえば塩沢・小長谷編（二〇〇七）の21章）。

(4) 学校＝「知的な雰囲気づくり装置」：　欧米で地方の中小都市が突然、重要なイノベーションやベンチャービジネスの輩出地となり急成長する例（たとえば第16章のオースティンなど）がよくありますが、ほとんどの場合、①人口数万～数十万で、②巨大な大学が存在する、③その結果人口の何割かが大学関係者であり、道ばたや店で会っても、専門的な会話や新しいイノベーションの話ばかりという知的な恵まれた環境にある、というパターンが多いことはよく知られています。広義の学校を沢山つくることで、創造都市に必要なこのような知的な創造的な雰囲気を作り出すことも大切なことです（たとえば日本政策投資銀行二〇〇一など参照）。

4　知の創造――自由な競争環境づくり

このように創造的まちづくりをおこなったとして、その結果生み出されるものが、二一世紀の創造都市における知の代表ともいうべきアート（芸術文化）とサイエンス（学術）です。空間を創造し、そして人材を集めることによって、最終的にはこうした知が働きやすくすることが重要になってくるわけです。その場合、以下のようなポイントが重要となります。

(1) 二一世紀には、「アート」―「サイエンス」―「ビジネス」の三者の間に近い関係が生まれてきていること。頭脳産業の時代・心の時代を迎え、「アート」や「サイエンス」は、これからの「ビジネス」の鍵となる「高付加価値化」「差別化」の重要な源泉になりうるからです。

(2) しかし、それでは、「ビジネス」が一方的に「アート」「サイエンス」を利用するという関係になるのかというとそうではなく、知（アート、サイエンス）の創造には、自由な雰囲気が必要で、とくに、ビジネスの厳しい競争原理をそのままもってくることには十分注意しなければならないこと。

ここで、創造というものは歩留まりが悪い（時間もかかる）ということを考慮することも重要です。実はここに、単なる新企業・業務・部門の設立ではなく、創造都市という集積を作り出すことの重要性（集積効果）があるのです。創造は、何年に一回成果がでるかでないかのものもあります。しかも、確率の問題になってきます。一社で創造の担い手を独占的にかかえても、成果が出ない場合もあります。そこで、多数の創造の担い手が集積する集積地をつくることによって、いわば、創造に固有の時間的変動をならして、コンスタントに創造の果実を享受するしくみができるわけです。これは、創造の担い手を雇用する場合も同様です。このように、創造の担い手を集積させプールをつくることによって、製品市場および労働市場の時間的変動および確率的リスクを低減できるようになるのです。これが、単なる企業ではなく集積としての「都市」をつくる意味なのです。

5　産業の創造――都市・経済・アート・サイエンスの良い関係を築くこと

産業の側からは、二一世紀の高度化され、大競争時代のビジネスを生き抜くためにも、「差別化」「高付加価値化」ということは絶対に必要不可欠な要素となっているということを述べました。これは、①既存産業の高度化と、②新産業の創出のいずれでもいえることです。それゆえ「都市の経済と、文化・アート・サイエンスとの良いバランス関係」こそが、創造都市戦略の中心に位置するのです。この両者のバランスを欠いた都市はありえないからです。二一世紀は、このいずれを否定しても、片方だけでの発展はありえません。

(1) 文化・科学にとって経済も重要に

文化や科学が経済にとって重要な役割を果たすようになってきていますが、逆に、経済を無視した文化政策もあり得ないのです。単に芸術文化の重要性を強調して、経済性を無視して文化施設を増設していけば、地方都市に林立した美術館の跡を追うことになります。

(2) 経済にとって文化・科学も重要に

しかしながら、それは経済にくらべて文化・アートが無視されるということではありません。むしろその逆です。それは、二一世紀に入って、まちづくり、産業に、アートの要素がますます入ってきているからです（上山・稲葉二〇〇三）。これからは、文化を無視した経済政策もあり得ないのです。都市からみると、経済性のみの非人間的なまちづくりはもう成功しません。人々の求める癒しや潤いのある文化的香りの高い都市こそ、これから求められる都市であり、それゆえ成功する都市です。また、ビジネスが発展する場合でも、ますますデザイン性、アート性が求められるようになってきているのです。それは都市づくりでも一般の製品でもまったく同じ原理（マーケティングの後章参照）で、そうしたものを人々がますます求めるようになっているからです。

したがって、これらは矛盾対立する概念ではなく、一体であり、それを実現した都市こそが創造都市であるということができます。これらが矛盾対立している限り、それは創造都市ではないでしょう。

6　創造都市における循環と相乗効果

このような、創造都市の経験をふまえると、成功して創造性を発揮できている都市では、「都市空間」「人材」「アート」「サイエンス」「ビジネス」などの都市を構成する要素の間で、インタラクティブな関係、相互作用がうまく働いて、お互いを高めあっているということがよくわかります。こうした関係（創造都市循環メカニズム）を中心とすると、既存の都市を創造都市にする空間的戦略について、図4-1のようにまとめられると思われます。

一番大切なことは、創造都市というのは、都市を構成するさまざまな要素間で、お互いに創造性を高める相乗効果の循環メカニズムを回転させることにあります。都市のプロセスは、さまざまなレベルの段階からなっていますので、それは、少なくとも、創造都市政策の段階（レベル）としては、「空間の創造」「人の創造」「知の創造」「産業の創造」という四つのレベルで考えていかなければならないでしょう（図4-1）。

（参考）

「創造都市的空間論の祖――ジェイコブス」

アメリカの市井の都市学者ジェーン・ジェイコブスは、今日、創造都市的な空間論と思われる多くの考え方を生み出した人物です。大きな影響をあたえた著作、Jane Jacobs（1961）"*The Death and Life of Great American Cities*"（黒川紀章訳（一九七七）『アメリカ大都市の死と生』（鹿島出版会SD選書一一八番））では、当時のボストンの古いイタリア系コミュニティに犯罪がほとんどなかったことの観察から、都市における「多様性」「用途混合（ミックス）」「街区の小規模性」「古い歴史的建築物」「多様な人材の集積」などの概念の重要性を初めて指摘し、当時主流だった自動車交通のみの近代的都市計画に対して、「人間的次元のまちづくり」という観点を本格的に提示しました。

参考文献

荒木伸子（二〇〇六）「工業都市の再生」『創造都市研究e』第一巻創刊号（http://creativecity.gscc.osaka-cu.ac.jp/）。

上山信一・稲葉郁子（二〇〇三）『ミュージアムが都市を再生する』日本経済新聞社。

北田暁美（二〇〇六）「アートは都市を創造する――京都三条あかりプロジェクトと泉北アートプロジェクト」『都市経済政策』第二巻。

小林潔司・A・E・アンダーソン（一九九九）『創造性と大都市の将来』森北出版。

小林重敬・小藤田正夫・長坂俊成・谷口康彦・小長谷一之・根本祐二（二〇〇五）『コンバージョン、SOHOによる地域再生』学芸出版社。

小長谷一之（一九九九）『マルチメディア都市の戦略――シリコンアレーとマルチメディアガルチ――』東洋経済新報社。

小長谷一之他（二〇〇四）『自治都市・大阪の創造』敬文堂。

小長谷一之（二〇〇五）『都市経済再生のまちづくり』古今書院。

小長谷一之（二〇〇五）「都市再生のオールタナティブス」、矢作弘・小泉秀樹編『成長主義を超えて――大都市はいま』日本経済評論社。

小長谷一之（二〇〇六）「東大阪における産業クラスター空間の抽出」『創造都市研究』第一巻創刊号。

小長谷一之（二〇〇七）「二一世紀の都市像」『学士会会報』二〇〇七年第一巻。

小長谷一之・北田暁美・牛場智（二〇〇六）「まちづくりとソーシャル・キャピタル」『創造都市研究』第一巻創刊号。

佐々木雅幸（一九九七）『創造都市の経済学』勁草書房。

佐々木雅幸（二〇〇一）『創造都市への挑戦』岩波書店。

塩沢由典・小長谷一之編（二〇〇七）『創造都市への戦略』晃洋書房。

ジェーン・ジェイコブス、中村達也・谷口文子訳（一九九四）『都市の経済学――発展と衰退のダイナミクス』TBSブリタニカ（原著一九八四）。

C&C振興財団監修、原田泉編、上村圭介・木村忠正・庄司昌彦・陳潔華・土屋大洋・山内康英（二〇〇七）『クリエイティブ・シティ――新コンテンツ産業の創出』NTT出版。

日本政策投資銀行（二〇〇一）『地域を変えるヒント――米欧アジアのIT活用成功例』ジェトロ。

矢作弘他（二〇〇五）『持続可能な都市――欧米の試みから何を学ぶか』岩波書店。

山内弘隆・上山信一（二〇〇三）『パブリック・セクターの経済・経営学』NTT出版。

吉本光宏・国際交流基金（二〇〇六）『アート戦略都市――EU・日本のクリエイティブシティ』鹿島出版会。

Charles Landry（2000）*The Creative City: A Toolkit for Urban Innovators*, Earthscan Pubns Ltd.

Richard Florida（2004）*Cities and the Creative Class*, Routledge.

（小長谷一之）

5章 ソーシャル・キャピタルと創造都市

1　なぜ創造都市にとって、ソーシャル・キャピタルが重要か？

創造都市とは、そこに住む人々、行政、市民セクター、起業家、アーティスト、エンジニア・科学者などの各種専門家が、創造性を十二分に発揮することができる都市です。

そのような創造性を発揮するには、空間的資本（都市のインフラ）だけではなく、人間が主人公ですので、①人間個人の才能や性質などいわゆる人的資本（ベッカーなどの研究）や、②社会関係性資本（ソーシャル・キャピタル）などが重要となってきます。

特に創造都市における創造的まちづくりでは、地域の社会文化を活かし、市民の自発的な力とアイディアを活かすことが根本的に重要になってくるのです。このようなまちづくりでは、既存の地域の資源を活かすためには、多くの主体の間の調整が必要となりますし、地域への愛情も大切な要素です。

実は、成功しているまちづくりや都市政策・産業政策の多くでは、地域の人間間で、信頼関係にもとづくソーシャル・キャピタルとその変化が重要な役割を果たしていることがわかってきました（小長谷・北田・牛場二〇〇六）。そこで、ここでは、ソーシャル・キャピタルがなぜまちづくりを成功に導くか、そのメカニズムについてふれておきましょう。

2　現代の社会科学の主要テーマになっているソーシャル・キャピタル

ソーシャル・キャピタルとは、「協調的行動を容易にすることにより社会の効率を改善しうる信頼、規範、ネットワークのような社会的組織の特徴」（パットナム一九九三、一九九五）のことです。

この概念が、いま、あらゆる社会科学で注目を集めている理由は、これまでの社会科学の以下のような難問題に解答をあたえる可能性があるからです。

［政治学］　国や地域の間で、民主主義やガバナンス（統治力）が、あるところではうまくいっているのに、あるところではうまくいっていない、その理由。

［国際・地域経済学］　国や地域に対して、同じような開発や援助がおこなわれても、あるところではうまくいっているのに、あるところではうまくいっていない、その理由。

［社会学］　国や地域の間で、あるところでは犯罪や暴力が生じやすいのに、あるところではそうではない、その理由。

3　ソーシャル・キャピタルはなにからなっているか——三つの要素（次元論）

パットナムその他の議論からみて、ソーシャル・キャピタルといった社会関係性資本には、少なくとも、三つの要素からなっていると考えられています（小長谷・北田・牛場二〇〇六）。

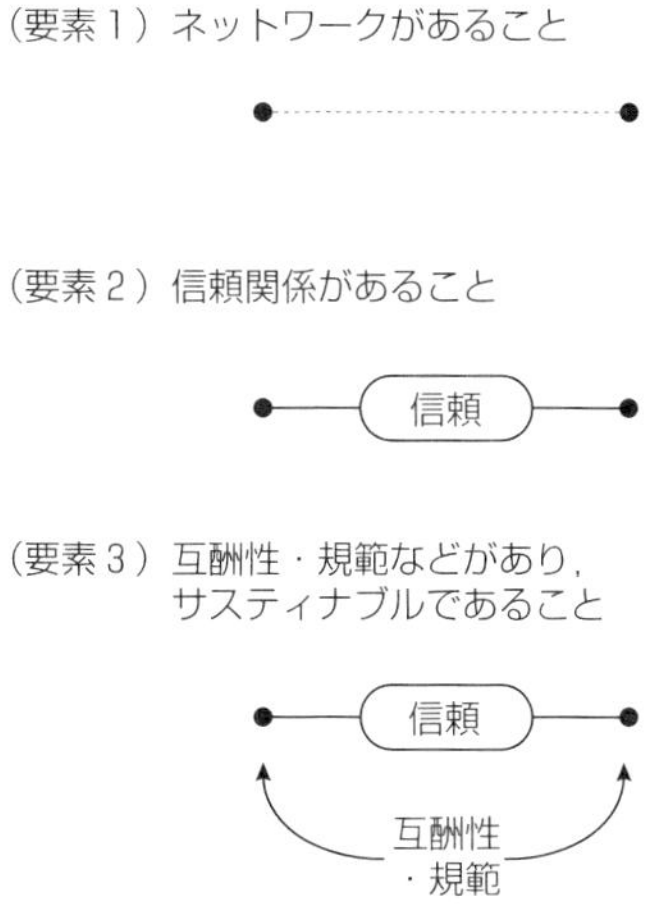

図５－１　ソーシャル・キャピタルとは？

(1)　まず、人と人の間に「ネットワーク」があることです。

(2)　次に、単なるネットワークでは、「〜会」などの会員として形式的メンバーになればよいわけですが、そうした形式ではなく、そこに実質的な「信頼」関係があることです。

(3)　この二つの要素は明確ですが、その信頼関係が長続きし、まちづくりのような実質的活動が継続的に続くためには、短期的な思いつきだけでは長続きしないことが多いのです。長期にわたって、参加者がみな何らかの利益（ボランティアの無形の「楽しみ」なども含む）を得て、ｗｉｎ——ｗｉｎの関係を築けることが大切なのです。そのため、「互酬性」とか「規範」などの第三の要素が重要になってきます。

４　ソーシャル・キャピタルにはどのような種類があるか——三つの類型論（分類論）

ソーシャル・キャピタルの類型論は、いろいろとありますが、

(1)　伝統的コミュニティなどの結束型（**Ｂｏ**：ボンディング型）、

(2)　コミュニティ等の集団間をつなぐ橋渡し／接合型（**Ｂｒ**：ブリッジング型）、

(3)　行政など機能的に異なった団体をつなぐ連携型（**Ｌｋ**：リンキング型）

などに分類されます。こうした分類は、ソーシャル・キャピタル論の当初よりつづく「コミュニティかアソシエー

ションか」という二つの議論の立場に対応しています。

⑴　コミュニティによるガバナンス

ボウルズ＝ギンティス（二〇〇二）などは「市場によるガバナンス」および「国家によるガバナンス」は、それぞれ一方だけでは二〇世紀の双子の幻想であり、それらを補完するものとして「コミュニティによるガバナンス」が重要だとして、ソーシャル・キャピタルを支持してきました。しかしながら、コミュニティのようなＢｏ（結束）型だけでは、閉鎖的で発展がなくなるといういわゆる「コミュニティの失敗」に陥りやすいことから、Ｂｒ（橋渡し）型（ＮＰＯなどのテーマ型自主組織）が重要になってくるというのです。

⑵　コミュニティだけでなく、あたらしいアソシエーション型組織こそ重要

こうした見方は、ソーシャル・キャピタルの研究では当初よりありました。そもそも、ソーシャル・キャピタル研究の大家パットナムの『哲学する民主主義』（パットナム一九九三）のテーマは、イタリアの南北問題（＝イタリアは南部が停滞し、北部が発展した）の説明モデルです。南部にはコミュニティがあるが、それは分断化され、閉鎖的であるのに対し、北部は市民的活動の伝統があり、市民的組織が多数あったからだというのです。これは「ネットワーク閉鎖論対ネットワーク開放論」という考え方で、多くのソーシャル・キャピタルの研究者は、伝統的なコミュニティ（Ｂｏ型）だけでなく、アソシエーション的なもの（Ｂｒ型）も重要であろうと思っています。

5　まちづくり組織論――まちづくりにおけるソーシャル・キャピタルの成長モデル

ここでは、成功しているまちづくりには、どのような特徴があるのか？　ということを考えてみたいと思います。そのことが解明されれば、どのような組織をつくれば、まちづくりは成功しやすいか、という政策論につながってくるからです。

小長谷・北田・牛場（二〇〇六）および、塩沢・小長谷編（二〇〇七）では、大阪で有名なまちづくりの一つの「からほり倶楽部」の例をとりあげ、図5-2のようにプロセスを類型化しています。ここでは、キーパーソンを中心とし、地元（Ｂｏ型）をまきこんだ新たなまちづくり組織のネットワーク（Ｂｒ型）が形成され、そのネットワークがより大きく、強く、深くなっていく様子が読み取れます。まちづくり組織は、既存の地域コミュニティに接続・立脚しながら成長しますが、そのことが、逆にフィードバックされて、既存の（商店街や町内会などの）組織や地域コミュニティを活性化し、全体としてのソーシャル・キャピタルを増加させます。このことは、これまで、ソーシャル・キャピタルの自己強化性、累積性、好循環性などと言われてきた性質のミクロ的位置づけをあたえるものと考えられます。このことは、京都の事例（北田二〇〇六）、中津・福島の事例（牛場二〇〇六）、本書の平野事例（13章）でもほとんど同じであることがわかりました。

こうしたソーシャル・キャピタルとまちづくりの関係の研究はまだ緒についたばかりです。このように実際には、Ｂｒ（橋渡し）型は多種多様で、成長し、複雑な成長プロセスをもっていると考えられます。こうしたいろいろな事例を元に、ソーシャル・キャピタルの変化プロセスを以下のようにモデル化できると考えられます（図5-3など）。

第1段階　まず、前段階として、地域には通常、既存のＢｏ（結束）型が、存在しています。通常は、町内会・

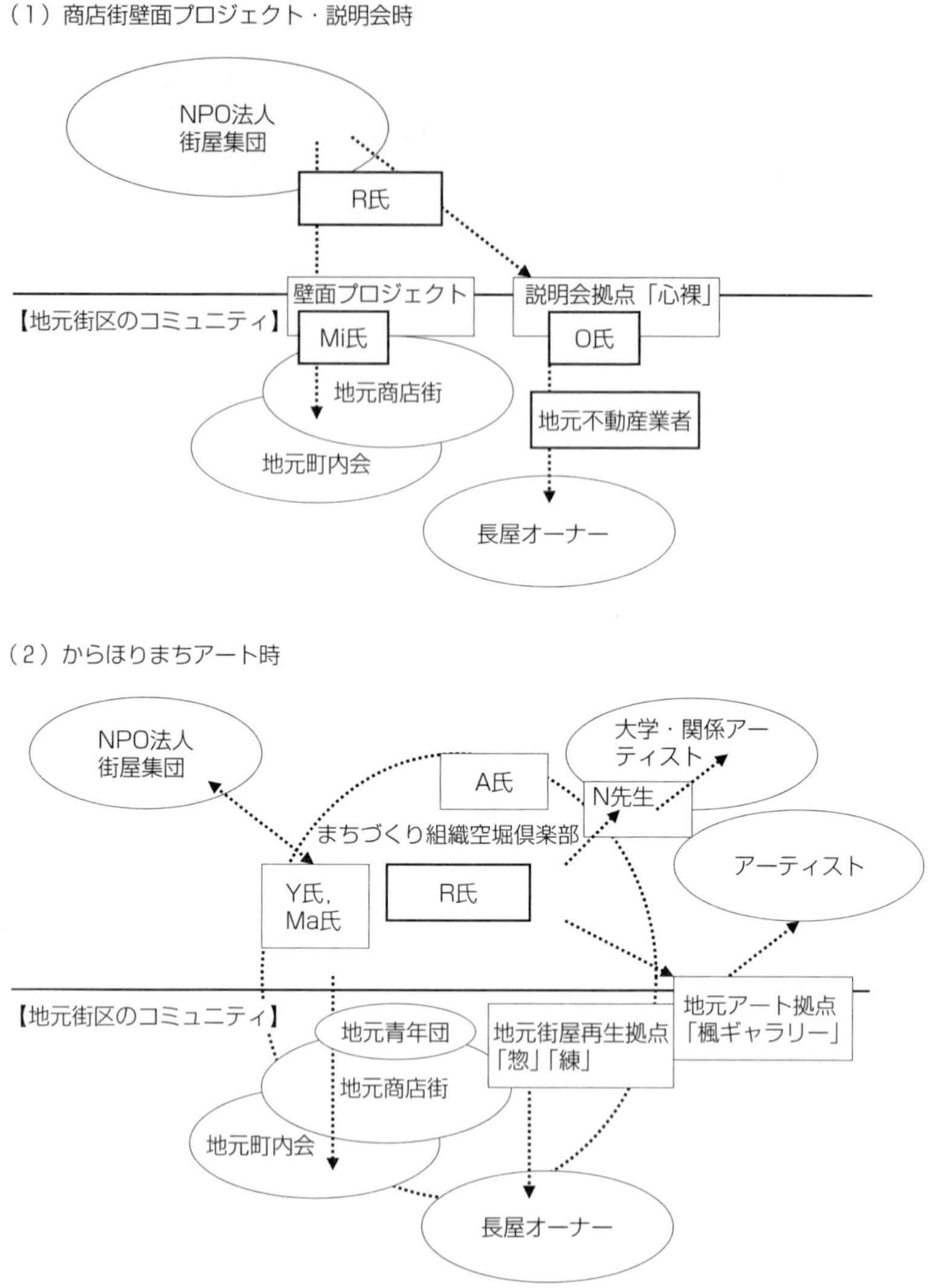

図5－2　からほり倶楽部プロジェクトのネットワーク

出所）小長谷『創造都市への戦略』第12章より．

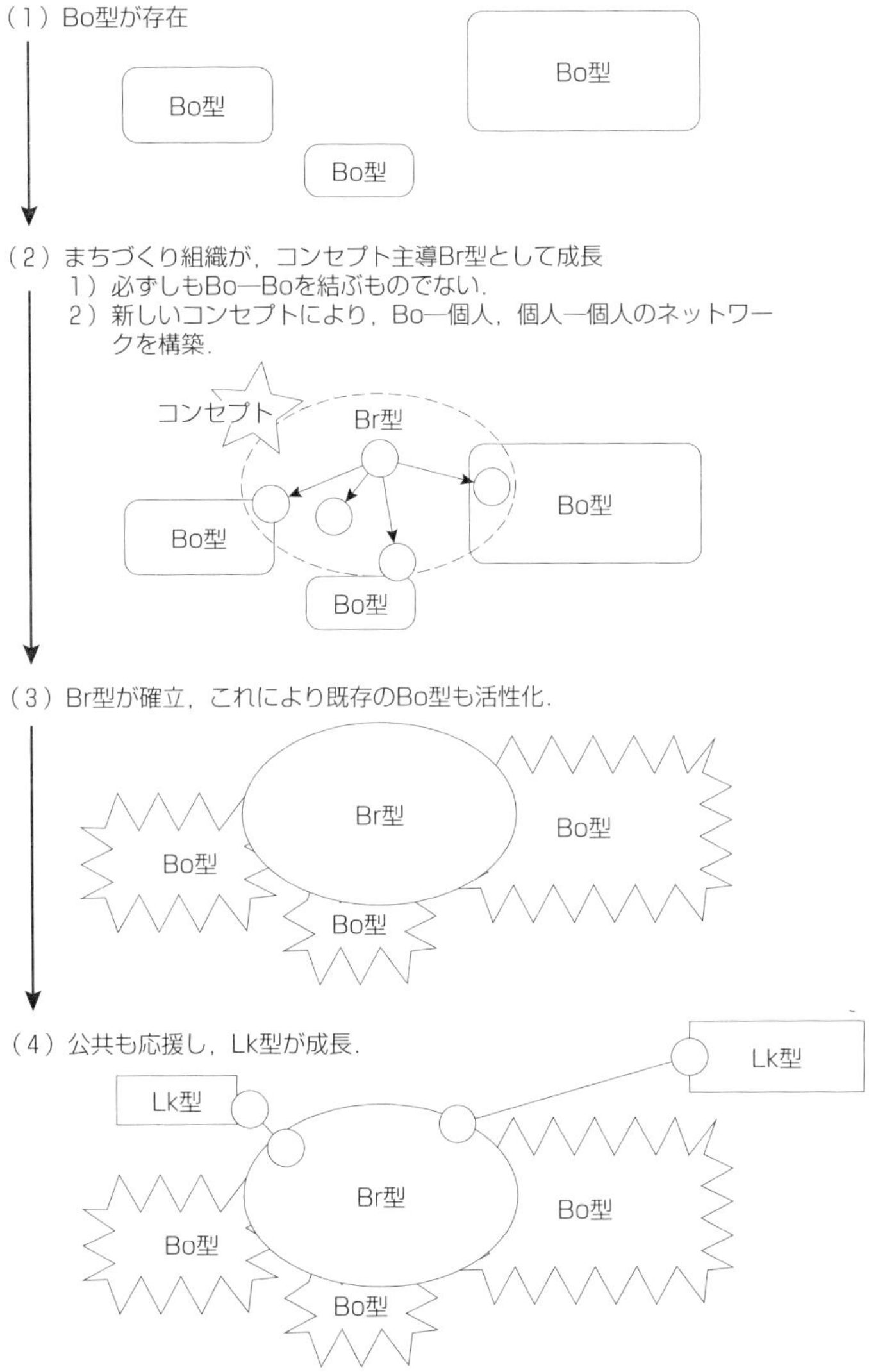

図５－３　まちづくりにおけるソーシャル・キャピタルの動的（ダイナミック）展開モデル

出所）乾（2008）などから加筆.

商店街など地縁組織です。地縁組織とまちづくり活動が、協力・連携している場合もないわけではありませんが、多くの場合、最初は停滞しています。

第2段階　新たなまちづくり組織が、コンセプト主導型のＢｒ（橋渡し）型として成長します。これは、Ｂｏ（結束）型と異なり、内部結束は弱いものの、外部との関係を強化します。この場合、Ｂｒ（橋渡し）型は、必ずしもＢｏ（結束）型同士を結ぶものばかりではなく、新しいコンセプトにより、Ｂｏ（結束）型と個人、個人と個人のネットワークを構築することの方が重要です。

第3段階　Ｂｒ（橋渡し）型が確立、これにより既存のＢｏ（結束）型も活性化します。Ｂｒ（橋渡し）型は、さらに外部の情報や機会へのアクセスを増大させ、より幅広い信頼感や協力の醸成を図っていきます。既存のＢｏ（結束）型は、活動・組織運営のあり方について積極的に変革に取り組むことが求められます。

第4段階　公共部門も応援し、Ｌｋ（連携）型が、成長します。

このように、既存のネットワークであるＢｏ（結束）型を基本とする強力な紐帯関係と、そこから外部に派生する多様性・開放性のあるネットワークのＢｒ（橋渡し）型・Ｌｋ（連携）型が、ブリッジ機能を通じて展開するのです。

6　社会ネットワーク論からみた成功するまちづくりのモデル

ところで、社会構造を分析する手段として、社会ネットワーク分析があります。社会ネットワーク分析とソーシャル・キャピタルの構造論は、近年、結びつきが強まっていますが、筆者らの研究によれば、こうしたまちづくりのモデルを、社会理論の立場から裏付ける可能性が出てきています。

(1)　強い紐帯は三角型の関係であること

人と人の結びつき＝社会的紐帯には、強いものと弱いものとがあります。強いものだけからなる三者関係については、すべての構成員が互いに知り合っている「三角形型」関係が一般的といわれています。その理由は、いまAさん、Bさん、Cさんの三者関係を考えると、図5-4(a)のように、AさんBさんが強い紐帯で知り合っていて、AさんCさんが強い紐帯で知り合っている場合、BさんとCさんが知り合っていないことは、不安定であると考えられているからです。したがって、強い紐帯に関しては図5-4(b)のような三角形型が普通となります。

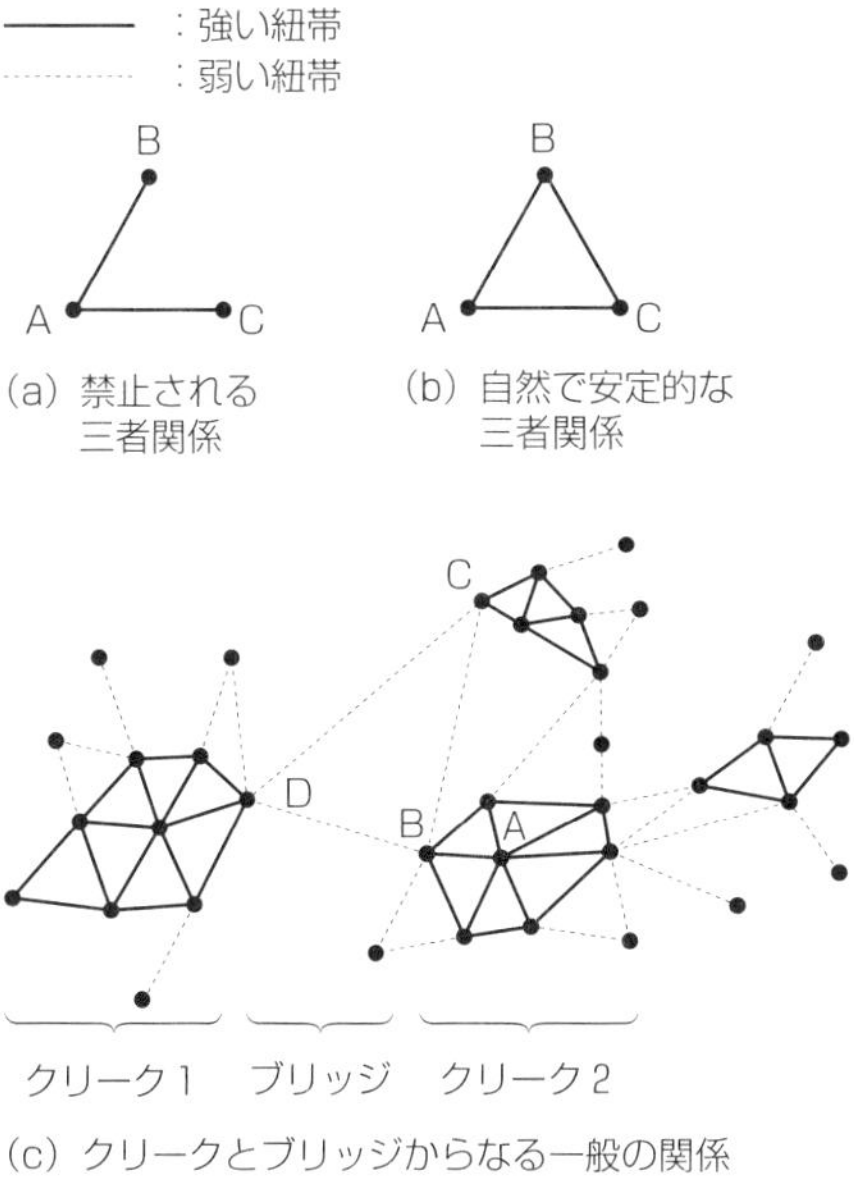

(a) 禁止される三者関係

(b) 自然で安定的な三者関係

(c) クリークとブリッジからなる一般の関係

図5-4　一般の社会ネットワークの構造

(2)　「弱い紐帯の強さ」および「構造的隙間」の理論

一般の社会的ネットワークは、通常「クリーク」とよばれる、強い紐帯からなる局所的まとまりに分割されます。それ以外のつながりは弱い紐帯にわけられます。ここが重要な点ですが、弱い紐帯は、「①単にクリークの周辺に位置するもの」と「②異なったクリーク間の結ぶもの」に分けられます。この後者の方が重要で、これを「ブリッジ（架橋）」といいます。

一般の社会的ネットワークの構造は、図5-4(c)のようになりますが、これから、実は驚くべきことが分かってきました。

一般的には、強い紐帯をもっとも多くもち、伝統的なネットワークの中心に位置する図5-4(c)のAさんなどが大きな社会的影響力をもつと考えられています。

ところが実は、多くの場合、クリーク内では周辺に位置し、強い紐帯を必ずしも多く持たないが、弱い紐帯、特にブリッジを多くもっている図5-4(c)のBさんなどの方が社会的影響力が強いことがわかってきたのです。これを、グラノベッターは「弱い紐帯の強さ」論とよび、学界に大きな衝撃をあたえました。この理由として、ブリッジをもつBさんのようなキーパーソンは、

(1)他のクリークを含めて、より広い情報へのアクセスをもつ、

(2)クリーク同士の利害の調整をおこなう可能性をもつ、

からであると考えられています。一方、バートは、紐帯の強弱そのものが重要なのではなく、クリークが互いに分裂して、情報に隙間ができている状態、すなわち「構造的隙間」が大事なのだと考えました。

このような社会ネットワーク理論からすると、まちづくりのキーパーソンは、まさしく、ブリッジに他なりません。Bo型ソーシャル・キャピタル（コミュニティ）は、通常クリークに対応しますので、キーパーソンが、それを基盤として、弱い紐帯を張り巡らし、新たなBr型ソーシャル・キャピタル（まちづくり組織）を構築していくことこそ、成功するまちづくりに多くみられるプロセスということになります。

7　まとめ

このように、まちづくりでは、

i　Ｂｒ型の成長が重要である（革新性）、

ii　しかし、もともとあるＢｏ型も重要で、ある程度強いＢｏ型がある方がよい。それの方がＢｒ型の成長も強力になりやすい（信頼性）、ということになります。

ところで、多くのまちづくりで、古い歴史をもったコミュニティ、特に、歴史的建築物のある、私どもが「本町」型とよんでいる地域が成功しやすいのです。

そうしたところは、Ｂｏ型が強くより閉鎖的であるにもかかわらず、なぜ成功するのでしょうか？　それは、創造都市の条件である地域への愛情が強いからでしょう。ある程度強いＢｏ型があるからこそ、〈それが開放的になり、Ｂｒ型を受け入れたときに〉、それをもとに成長するＢｒ型も大成功するのです。成功するまちづくりでは、Ｂｏ型には強さと開放性が、Ｂｒ型にはキーパーソンの優秀性が求められるのです。

参考文献

乾幸司（二〇〇八）「まち並み保全型まちづくりの成功メカニズム――ソーシャル・キャピタルの視点から――」（大阪市立大学大学院創造都市研究科修士論文）。

金光淳（二〇〇六）『社会ネットワーク分析の基礎』勁草書房。

小長谷一之（二〇〇五）『都市経済再生のまちづくり』古今書院。

小長谷一之・北田暁美・牛場智（二〇〇六）「まちづくりとソーシャル・キャピタル」『創造都市研究』第一巻創刊号。

塩沢由典・小長谷一之編（二〇〇七）『創造都市への戦略』晃洋書房。

世界銀行（二〇〇〇／二〇〇一）『世界開発報告』。

高見沢実編（二〇〇六）『都市計画の理論――系譜と課題』学芸出版社。

内閣府経済社会総合研究所（二〇〇五）『コミュニティ機能再生とソーシャル・キャピタルに関する研究調査報告書』。

内閣府国民生活局（二〇〇三）『ソーシャル・キャピタル』国立印刷局。

野沢慎司（二〇〇六）『リーディングス：ネットワーク論――家族・コミュニティ・社会関係資本――』勁草書房。

宮川公男・大守隆（二〇〇七）『ソーシャル・キャピタル――現代経済社会のガバナンスの基礎』。

矢作弘（二〇〇五）「都市に中心が必要なわけ」、日本建築学会編『まちづくり教科書第9巻：中心市街地活性化とまちづくり会社』丸善。
S. Bowles and H. Gintis（2002）'Social Capital and Community Governance', *Economic Journal*, Vol. 112.
R. S. Burt（2000）'The network structure of social capital', in R. I. Suttonm and B. M. Staw eds. *Research in Organizational Bahavior* Greenwich, CN : JAI press.
J. S. Coleman（1998）'Social capital in the creation of social capital', *American Journal of Sociology*, Vol. 94.
M. S. Granovetter（1973）'The Strength of Weak Tie', *American Journal of Sociology*, Vol. 78.
Janec Jacobs（1961）*The Death and Life of American Cities*, Vintage books.
R. D. Putnam, R. Leonardi and R. Y. Nanetti（1993）*Making Democracy Work : Civic Tradition in Modern Italy*, Princeton University Press（河田潤一訳（二〇〇一）『哲学する民主主義――伝統と改革の市民的構造』NTT出版）.
R. D. Putnam,（2000）*Bowling Alone : The Collapse and Revival of American Community*, Simon & Schuster（柴内康文訳（二〇〇六）『孤独なボウリング――米国コミュニティの崩壊と再生』柏書房）.

（小長谷一之・武田至弘・辻賢一郎）

6章　マーケティングと創造都市

1　なぜ〔地域〕マーケティングが創造都市にとって重要なのか

「創造都市」とは、そこに住む市民の創造性が発揮され、産業や文化の創造の働きが活発になるまちのことであり、そのようなまちをつくり出すことが、本書が考察する「創造的なまちづくり」に他ならないわけなのですが、それはただ漫然とできるわけではありません。そこに至る過程で失敗するまちもあれば成功するまちもあります。

創造性がうまく発現する場合と創造性がうまく発現しない場合があるのは、そこのまちの内部の状態と、外部環境をみることによって明らかになる場合が多いと考えられます。

外部環境に適応した都市で、創造性を発揮できる場合と、外部環境に合わず、また創造性を発揮するのに大きな障害が生じている場合など、さまざまです。

創造都市、あるいはそれをつくる創造的まちづくりを成功させるためには、こうした様々な要因を分析しなければなりません。

まちづくり、集客・観光などが成功するかどうか、これについて最近「地域マーケティング〔プレイス・マーケティング〕」という概念が良く使われるようになりました。

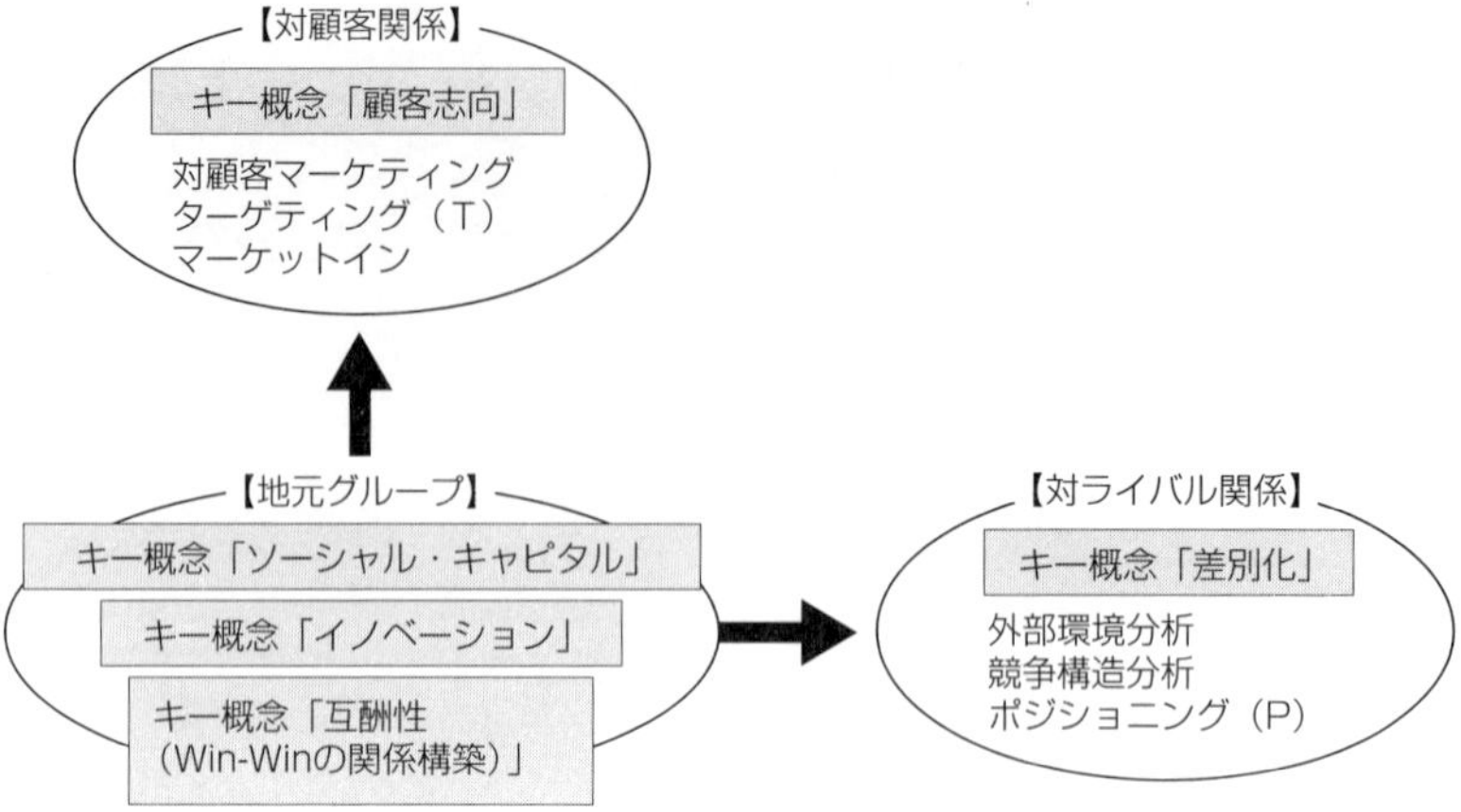

図6－1　まちづくり成功の方程式

創造都市は、市民が主体なので、市民の創造性でつくっていくことはあたりまえなのですが、それを顧客に結びつけ、成功にもっていく鍵として、マーケティングのプロセスは非常に重要です。そこで、ここでは、マーケティング論の観点から、創造的なまちづくりの成功の鍵を説明しましょう。

2　まちづくり成功の方程式

ここで、筆者が長年多くのまちづくりで検討してきた、まちづくり（特に創造的なまちづくり）の成功事例で満たされている条件をあげると、大きく以下の三つのカテゴリーに分けられると思われます（図6－1）。

［第1法則］　自己地域・組織内（まちづくり過程では地元グループ）では、「ソーシャル・キャピタル」があること、ネットワークにある程度強さがあるが、クリエイティブなメンバーが「イノベーション」を出せるような開放性も必要、またネットワークがサスティナブル（持続可能）であるためにも「互酬性」すなわちｗｉｎ－ｗｉｎ関係の構築が重要になります。

［第2法則］　対ライバル関係では、外部環境分析、競争構造分析、

マーケティング戦略論（STP）では、P（ポジショニング）が重要となります。ここでのキー概念は「差別化（ディファレンシエーション）」が実現しているか、どうかです[1]。

【第3法則】対顧客関係では、対顧客マーケティング、とくにマーケティング戦略論（STP）では、T（ターゲティング）が重要に、商品開発論ではプロダクトアウトよりも、マーケットインが重要となります。ここでのキー概念は、「顧客志向」、ターゲットのお客の好みを考えているか、どうかです。

3　成功しているまちづくりの法則1＝「ソーシャル・キャピタル」〈自己組織内〉

成功しているまちづくりでは、まずなによりも主体である、自己組織（地元グループ）内がしっかりしていること、ありていに言えば、前章でのべたように、自己組織内にソーシャル・キャピタルがあることは必要条件といえます。

ソーシャル・キャピタルとは、人間同士のネットワークであり、そこに信頼があることですが、さらに加えて、一種の開放性・近代性をもったネットワークでなければならないということを前章で強調しました。すなわち、

①キー概念としての「イノベーション」の重要性。構成員が生き生きとアイディアを出して、批判されないこと、その結果「イノベーション」が盛んに生まれるような、開放性のある市民のネットワークが必要。それは多くの場合橋渡し（Br）型のソーシャル・キャピタルであること。

②しかしながら、それを育てる、伝統的コミュニティ（通常結束（Bo）型に分類されるもの）は否定されるのかというと、そうではなく、伝統的ネットワークもあり、ある程度強いことの方が有利なことが多い。

伝統的コミュニティがある歴史的まちの方が成功しやすいもう一つの理由は、「地域愛」が強いことであり、これもまちづくりにプラスに働く。

③キー概念としての「互酬性（Ｗｉｎ―Ｗｉｎの関係構築）」。これが大切な理由は、まちづくりの持続可能性（サスティナビリティ）にある。たとえボランティアであっても、なにがしか（精神的悦びなど）の効用を受け取っている仕組みを構築しなければ、長続きしない。構成員すべてが、お互い同士、そして、そのまちづくりからなんらかのベネフィットをうけとる仕組み、その結果、まちづくりが成功し、それがまた、みなに還元される仕組みがうまく構築されていることが、成功するまちづくりの多くでみられる条件といえます。

4　成功しているまちづくりの法則２＝「差別化」〈対ライバル関係〉

まちづくりにおける対ライバルとは、同一集客圏の中での他の近隣都市のことです。現在我が国でも、都市間競争が激化していますが、このようなときに、もっとも避けるべき手段は、隣町と同じことをやることでしょう。これでは、図6-2の左上の第二象限のように、「消耗的な価格競争」に突入し、共倒れとなってしまいます(2)。

大阪でＵＳＪができたときに関西圏の遊園地で閉園が相次いだ例が代表的ですが、コンセプトの差別化という点では、第三セクターの宮崎シーガイアの例が興味深いと思われます。本来、宮崎といえば、日本の観光史の中では国内新婚旅行の先駆けという位置にあった「日本一の天然海岸」です。その横に屋上屋を重ねて「人工の海岸」を作ることが、差別化の原理がもっとも理解されていないことの事例となっているのです。

このような誤解はなぜ生まれるのかというと、空間競争のある商業の理論と、空間共同のある工業の理論が混同されているからなのです。後者には有名な「産業集積（インダストリアル・アグロマレーション）」という理論があり、

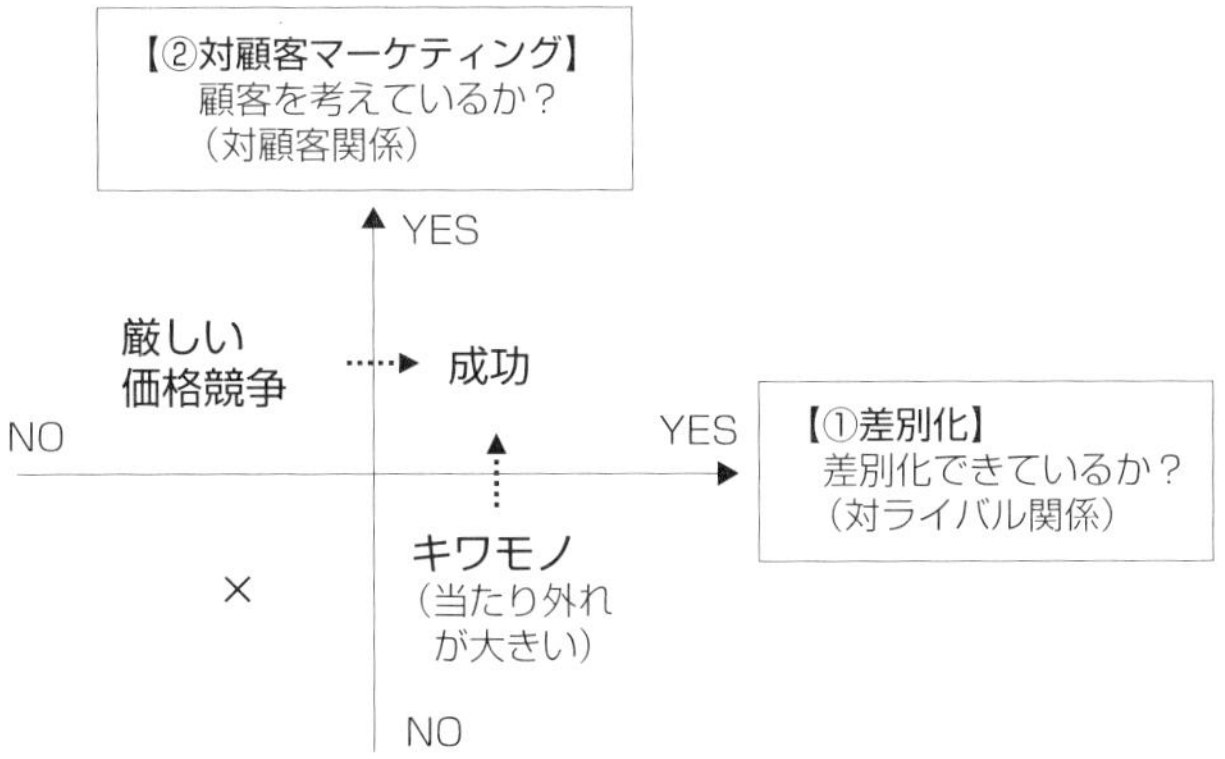

図6－2　まちづくり／商業／観光における戦略類型のパターン

出所）小長谷・木沢・渡邉（2008）を修正．

地場産業地域における協力関係のように、同業種が集積することによって利益が生じます。通常不利益は生じないのです。

ところが、商業・サービス業の場合（観光産業も同じ）は、空間的な拠点に集客をおこないますので、集客圏（商圏）が生じ、客を取り合う空間競争が生じるのです。したがって、商業・サービス業では、一般に、

①同業種間は、厳しい空間競争が一般的、

②異業種間は、多目的トリップの効果による集積効果が一般的であり、

③同業種間の集積効果は、かなり特殊な場合（多品種の比較を必要とする専門店街の理論例は14章）にしか起こらない、のです（小長谷二〇〇五）。

それゆえ、宮崎の例では、「天然の海岸」＋「人工の海岸」という同類のイメージ効果はあまり期待できなかったといえます。

むしろ、差別化の原理から考えると、シーガイアの適性立地として、北海道・沿海州・樺太などの北国に作れば成功した可能性が高かったと考えられます。〈北国では南国が差別化になる〉ことは、北ヨーロッパ人が、太陽をもとめて、南下するバカンス、我国にで

も常磐ハワイアンセンター〈映画『フラガール』で有名〉の例があります。逆に、〈南国では北国が差別化になる〉例は、近年のアジアからの観光客による北海道ブームの例があげられます。

ゆふいんが成功した理由の一つとして、隣町に同じ温泉町の別府があり、それが「中高年男性の団体向けの従来型温泉観光」であったことに対して差別化をはかり、「女性向け・個人客向けの癒し型温泉観光」を目指した戦略がうまくいったことはあまりにも有名ですが、これも差別化の典型的な例といえます。

ヨーロッパ人は個人主義で人と違うことをやるのが通例ですから、差別化の例は日本より多いのですが、ここではヨーロッパのメディアアートの中心として有名なオーストリアのリンツ市をあげておきます。同市は、まちおこしのために、オーストリアという土地柄、当初クラシック音楽都市を構想しました。しかし、周辺の三つの都市がすでにクラシック音楽のコンセプトであったことから、それを捨て、当時は冒険であったメディアアートをコンセプトにしてアルス・エレクトロニカセンターという殿堂を設立し、成功したものです。この成功の要因も差別化にあったわけです。

ところで、「創造都市」では、その都市の歴史・文化の「固有価値」を重視しますが、それは、近隣の都市と類似しない限りにおいて、たいていの場合、強力な差別化の源泉なのです。

このように、「創造都市」という概念はまさに、差別化という視点から考えると、二一世紀の経済社会にふさわしく、このことからも、「創造都市」がなぜ二一世紀の都市戦略として重要であるか、また成功しやすいか、その理由がおわかりいただけると思います。

5　成功しているまちづくりの法則 3
＝「顧客マーケティング（お客を見ていること、独りよがりでないこと）」〈対顧客関係〉

それでは、地域内部ではソーシャル・キャピタルが存在しまとまっており（第1法則）、対ライバル関係では「差別化」がおこなわれていれば（第2法則）、それでよいか、というとそうではないのです。「差別化」できても、最終的に、顧客満足が得られなければ、それは独りよがりになってしまうからです（図6-2の右下第四象限「キワモノ」パターン）。

実はこのパターンは、多くの、自称「市民派」の「まちづくり」グループで、なかなか成功しないところが、よく陥っているパターンなのです。

よく、まちづくりの教科書に、「(A)地域の資源を活かす」「(B)住民主体のまちづくり」の二つのルールがもっとも大切な原理として書いてあります。

既述したように、この場合、前者がマーケティング的には「差別化」に関係するわけです。なぜなら地域の個性を活かせば差別化に結びつきやすいからです。

ところが後者の原則をそのまま鵜呑みにして、なんら専門家の意見を聞かず、地域だけで考えて、地域の古いものをブランド化しようとして、顧客マーケティングができず挫折する例が多いのです。

筆者のところの例で、ある地域おこしリーダーが「まちで○○という地域資源があるので、○○のまちというブランドでやりました。(A)(B)の原則を守っています。ところがまったく人が来ず、成功しません」といってきたことがありました。これなども典型的な「独りよがり」の例なのです。

それでは、どうしてこれまで、まちづくりの教科書に「顧客マーケティング」の観点がのっていなかったかのでしょうか。

もちろん、これまで、まちづくり分野でマーケティングの専門家が少なかったということもありますが、実は「成功例」だけをみれば(A)(B)しかわからないからなのです。

各地で有名な、少数の「まちづくりの成功例」において、そのまちづくりのリーダーたちは、特に、経済・経営的な発想を潔しとしないところがあり、「われわれは自分たちのやりたいようにやってきた……「マーケティング」など考慮していない」という人物は非常に多いのです。

しかしながら、実は、そうしたリーダーは当然の事ながら、優秀な人が多いので、実は、そのやり方が、結果として、ほとんど、「顧客マーケティング」「差別化」の二原則に忠実に従っていることがわかりました（そうでなければ成功していないのです）。したがって、こういう少数の「幸福な」リーダーたちは、きわめて偶然に、あるいはその才能故に、無意識的に「顧客マーケティング」の原則の方も満たしていた、と考えられるのです。

しかし、一般の場合、観光まちづくりには厖大な投資があり、関係者も失敗は許されないことがほとんどです。当てずっぽうで成功を待つわけにいかないのであり、そのためにも「顧客原則」の方も重要ということになります。

6　マーケットの構造の例

最後に、それでは、マーケティング戦略論、すなわち「ＳＴＰ（セグメンテーション＋ターゲティング＋ポジショニング）」のうちの前半、すなわち、どのようなセグメントをターゲティングすればよいのか、考えてみましょう。

筆者らの調査（小長谷二〇〇二、二〇〇五、岩井二〇〇七ａ、ｂ）によれば、長浜、ならまち、近江八幡などの、町屋再生型まちづくり（町屋リノベーション＋新しいコンテンツ）においては、以下のようなターゲットおよび商品開発がもっとも一般的であることがわかりました。

【セグメント】

- 来訪者居住地特性は、同じ大都市圏内（全国区の遠方からは少ない）。
- 来訪者の時間的特性は、週末を中心とした日帰り観光（宿泊客は少ない）。
- 来訪者性別・年齢階層としては、

①「若い一〇～三〇代の女性」

②「熟年カップル」

③「年配のご婦人のグループ客」

が多い。

【ターゲティング】

このような結果、古い町屋をただそのままおくのではなく、そこに、ターゲットである「若い女性」「熟年カップル」などの嗜好性を考えたお洒落な物販や飲食をとりそろえていることが成功の源泉となることがわかります。

【商品開発】

町屋を改修した雑貨、カフェ、ギャラリー、カフェとギャラリーのセット、レストランなどが特徴的（上記のように古い町屋を改修することがなぜ良い観光になるかというと、古い資源は、すべての都市にあるわけではないので、他にない「個性」、すなわち「差別化」の源泉となりうるから）。

すなわち、この事例からでも、地域や都市において、まちづくり／観光／商業の活動で、重要と思われる戦略の要素として、

(1)（対ライバル関係）差別化（特にP（ポジショニング））、

(2)（対顧客関係）顧客を意識したマーケティング（特に、TS（ターゲティング、セグメンテーション））ができているかどうか？

の二つが大きいことが指摘できるのです。

注

（1）地域マーケティングではなく、一般の商品のマーケティングにおいて、世界的経営学者でハーバード大学のビジネススクール主任教授のマイケル・ポーターの経営学も差別化が鍵になっていることからもわかるように、ビジネスの根本は「差別化（ディファレンシエーション）」にあり、他の都市と違う強みを構築することに他なりません（塩沢・小長谷二〇〇七の小長谷の一二章参照）。

（2）特に、集客産業などの同業種の間では、同じ集客圏内での顧客の取り合いとなります。ここで重要なのは、「隣りの都市」とはどこの範囲かということですが、それは有効な集客圏の範囲です。したがって、かなり離れた地域で競争の可能性の低いところの例は参考にできる可能性はあります。しかし、集客圏は、交通手段の発達とともに拡大するので、現在競合していなくても、将来集客圏の傘が広がったときに競合が起こってくる可能性はあります。近隣型商店街や近隣センターなどが、もともと徒歩の商圏で形成されていたが、交通手段の発達（自家用車の普及）とともに、商圏が広がり、大型店の広域の商圏の傘に飲み込まれ、厳しい環境におかれているのが例です。

参考文献

岩井正（二〇〇七ａ）「伝建地区（伝統的建造物群保存地区）の現状と課題――伝建地区全国アンケートからみたまちづくりのサスティナビリティ――」『創造都市研究ｅ』第二巻第一号（電子ジャーナル http://creativecity-j.gscc.osaka-cu.ac.jp/ejcc/）。

岩井正（二〇〇七ｂ）「伝統的建造物群保存地区におけるまちづくりのサスティナビリティに関する研究――橿原市今井町と近江八幡市八幡の事例――」『都市経済政策』第三巻。

小長谷一之（二〇〇二）「まちづくり自治体：奈良市ならまち」『都市研究』第二巻。

小長谷一之（二〇〇五）『都市経済再生のまちづくり』古今書院。

小長谷一之他（二〇〇四）『自治都市・大阪の創造』敬文堂。

小長谷一之（二〇〇七）「特集：人口縮小時代の都市計画のあり方（第六回）――人口減少化の都市経済とまちづくりを考える」『新都市』（財）都市計画協会。

小長谷一之・北田暁美・牛場智（二〇〇六）「まちづくりとソーシャル・キャピタル」『創造都市研究』第一巻第一号。

小長谷一之・木沢誠名・渡邉公章（二〇〇八）「特集：まち並み観光を極める――まちづくりと都市観光マーケティング」、大阪観光大学観光学研究所編『観光&ツーリズム』第一一号。

塩沢由典・小長谷一之編（二〇〇七）『創造都市への戦略』晃洋書房。

長谷政弘編（一九九六）『観光マーケティング――理論と実際――』同文館。

古川一郎・守口剛・阿部誠（二〇〇三）『マーケティング・サイエンス入門――市場対応の科学的マネジメント』有斐閣アルマ。

B.M.Kolb（2006）*Tourism Marketing for Citites and Towns*, Elsevier（近藤勝直監訳（二〇〇七）『都市観光のマーケティング』多賀出版）。

Les Lumsdon（2002）*Marketing for Tourism*, Palgrave Macmillan（奥本勝彦訳（二〇〇四）『観光のマーケティング』多賀出版）。

Philip Kotler and Gary Armstrong eds. *Principles of Marketingtion*, Prentice Hall（和田充夫訳（二〇〇三）『マーケティング原理　第九版――基礎理論から実践戦略まで』ダイヤモンド社）。

（小長谷一之）

7章　IT／コンテンツ産業と創造都市

1　はじめに

創造とは何でしょうか。この言葉の意味は本書の随所で語られるでしょう。ここでは、創造（creation）とは、「特に新しくてオリジナルなものを作ること」であると考えます。すると、創造都市とは、それが多く生み出される都市といえるでしょう。新鮮でユニークなものを多数生み出すためには、やはり、その前提として、新しい見方や考え方をもつことが必要です。IT（情報技術）やコンテンツ（情報や知識の総称）が大いにそれに寄与すると考えなければならないでしょう。

本来、情報やコンテンツは、他との差異や個性こそが価値をもつといえます。いかに多様性のある情報やコンテンツを都市の中で生み出せるかがまさに問われているのです。

そこで、この短い章では、創造都市に貢献できるIT／コンテンツ産業の在り方を考えます。そのあとに、IT／コンテンツ産業が、いかなる状態になれば、地域ごと（都市ごと）に新しい付加価値を生み出せるようになるかを考えます。

2　創造都市とIT／コンテンツ産業

ITおよびコンテンツ産業は、広義の産業分類では、同じ情報通信産業に属します。すでに「情報革命」なる言葉が世に出て半世紀にもなりそうです。確かに、その間、この産業分野は急成長し、日本および世界の人々の生産活動や生活スタイルにも大きな影響を与えました。

しかし、現在の情報通信産業は、かつてのように急速に市場が拡大してはいません[1]。勿論、この産業は、新聞や書籍・雑誌などの出版業やTV・ラジオなどのマスコミといわれるものからソフトウェア開発業や情報サービス産業に至るまで、ある意味雑多なビジネスの総和ですから、一口に論じることはあまり実りのあるものではないでしょう。ただ、似たような市場傾向をもっていることも事実です。そこで、本章では、主にIT／コンテンツ産業の役割を描きますが、そのうちでもとくにコンテンツ市場を考察対象にしたいと思います。

コンテンツ産業も、大きく言うと、アナログコンテンツ産業とデジタルコンテンツ産業の二種類があります。前者は、ゆっくり市場規模を落とし続けています。完全に成熟型産業といえるでしょう。

それに対して後者は、いま急成長を遂げつつあります。ただし、規模はアナログと比較すると格段に小さいものです。そこで、デジタルコンテンツ財の生産力を高めることがコンテンツ産業の急務のひとつだと考えられます。そのデジタルコンテンツ生産を、ひいては都市の創造化に向けて貢献させるシナリオが必要です。

そこで、コンテンツ産業の中での企業ごとの売り上げの分布を眺めてみましょう。すると、図7-1のように、いわゆる「パレートの法則」と呼ばれるような形となります[2]。この「パレートの法則」とは、「ほんの少数の大企業が市場全体の過半を占め、大多数の小企業が残りの市場を分け合うような市場構造を作り出すこと」を言います。

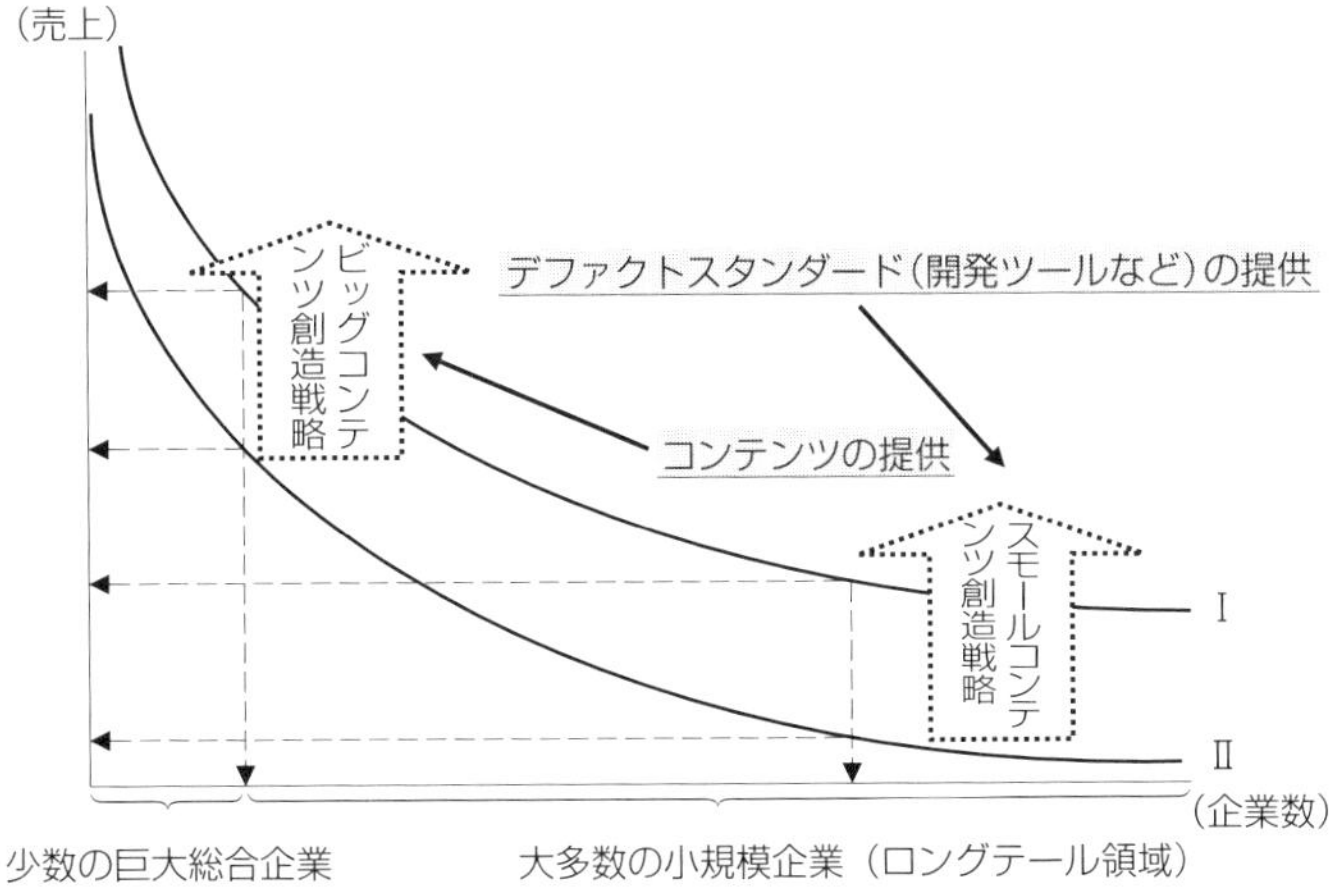

図7－1　コンテンツ企業のパレート構造

図7-1は、コンテンツ産業におけるパレート分布を模式的に示したものです。

このような場合、少数の巨大な総合メディア企業と、その下で下請け的な仕事をしている無数の小規模コンテンツ企業や独立系の小規模企業とでは、自ずとそのコンテンツ創造戦略は異なるといえるでしょう。

日本の漫画やアニメや日本文化などが世界的な人気となっている中、大手メディア企業は、やはり優れた大作を多数生産し、世界に向けて発信・流通させてほしいと思います。

このような大きなコンテンツ企業といえども、コンテンツ製作と流通には巨額のお金が必要となるので、なんらかの形で企業間ネットワークを形成しています。それは、製作費を集め、製作におけるリスクを回避し、リターンを配分するためです。その代表的な手法のひとつが、いわゆる「製作委員会方式」といわれるものです。この方式は、コンテンツ別に、いろいろな企業が商品化を巡って協力しあって製作・提供していくものです。また、コンテンツ投資ファンドを作って広く資金を集め、巨費のかかる大作を生み出す方式も始まり出しました。

これに対して、韓国などでは、映画産業に対して国家による財政的支援もおこなっており、それが昨今のいわゆる「韓流映画」の隆盛を形作っているという見解もあり、日本政府もコンテンツづくりの支援をもっと強化すべきとの意見もあります。しかし、日本の大作づくりには上記のような企画・製作・販売に関する優れたスキームが確立しています。コンテンツは、作り手のまさに創造的産物ですから、なるべく民間が自分たちで資金を集めて、自由に製作することが望ましいでしょうから、政府の支援があればよいものができるというものではないかもしれません。

それに対して、中小規模のコンテンツ企業の創造戦略はどのように考えればいいのでしょうか。中小企業が作るコンテンツは大作ではないので、あまり話題にならないことが多いでしょう。図7-1においても、いわゆる「ロングテール」の部分は日の目を見ないことが多いでしょう。

しかし、大手コンテンツ企業のほとんどは東京に所在しており、それ以外の地域は圧倒的に中小規模の企業しかいません。そうすると、このような中小企業が、成長できないのであれば、地域の中からコンテンツは生まれてこないことになります。確かに、ビジネスは売り上げがあがらなければ淘汰もやむを得ないのですが、それは日本や地域にとって良いことでしょうか。

先にも述べましたように、コンテンツは多様性が非常に重要な財といえます。しかも、売れる大作のみでは、早晩消費者の嗜好が変われば、それ自体も厳しい状況になるでしょう。やはり、大きくは売れなくとも、地域ごとの文化や伝統やデザインなどを活かしたコンテンツは必要ではないでしょうか。現に、地方の特産品が日本では売れなくても、海外では非常に高い人気を博するということが起きています(3)。

まさに、日本の文化的・コンテンツ的な多様性を守るためにも、地域のコンテンツづくりを今後一層発展させる必要があります。

3　創造都市のための地域コンテンツ戦略

では、どうすれば、地域の中にあるコンテンツビジネスを発展させることができるのでしょうか。もともとコンテンツ企業は地域の中には少ないのですから、そこで多くの優良なコンテンツを創造することは容易なことではないでしょう。

しかし、地域の中には、素晴らしい自然や歴史・文化・伝統・風習・特産品・デザインが存在しています。まずは、それらを上手に発掘しなければなりません。また、ある程度の認知がすでにあれば、それらを再生（再構成）しなければなりません。それらが、経済的に価値のあるものと認識され、生産され、流通するようになると、「自然資本」（Natural Capital）や「文化資本」（Cultural Capital）になったといえるでしょう。

そのためには、発掘し、整理し、評価づけたコンテンツの素材（アナログ素材）を、まさにデジタルコンテンツ化すべきです。さらには、それをある程度集積させなければなりません。その費用をどう捻出するかは難しい問題ですが、地元の自治体がなんらかの支援をおこなうことは考えられます（必ずしも金銭的な支援でなくとも、場所や機材の使用を認めるなども支援です）。また、いくつかの企業や市民の有志が集まって、地域の中で製作委員会などを結成するのもいいでしょう。

このような何らかの組織ができ、デジタルコンテンツを集積させたものが、「デジタルアーカイブ」といえるでしょう。このようなアーカイブは、現在、かなりの地域で作られていますが、その集積量と内容水準はまだまだといえるでしょう(4)。

ここで重要なことは、このようなデジタルアーカイブからさらに新しい価値をどのように生み出すか、が問われなければなりません。

そのためには、まずは民間の中から強い意志とリーダーシップをもった個人（企業）が出てこなければならないでしょう。その人を核として、彼に対する何人かのこれまた強い賛同者が必要でしょう。コンテンツ作りは、「コンテンツの集積の経済」（Economy of Contents Aggregation）でもありますから、多くのコンテンツが生み出され集積されなければなりません。しかも、単に無秩序に集めるのではなく、整理・評価づけられ、体系化される必要があります。そのためには、実に多くの人々の参加が必要となります。

筆者が参加している例をちょっとお話しします。島根県浜田市には、「石見神楽（いわみかぐら）」と呼ばれている神楽がその地域に根付いています。それを演ずる団体をその地域では社中と呼びますが、それが同市のなかには数十団体あります。その社中の中には、およそ数千枚の神楽面が存在しているといわれています。そこで、地元の有志の方が、このような石見神楽の面のデジタルアーカイブを作ろうと考え、製作委員会を立ち上げて、現在、その何割かがすでに作られています。このときに、強いリーダーシップのある人がおられるとともに、その周りにこの事業に対する理解者がいました。(5) そうでなければ、それぞれの社中が保有している神楽面の撮影には応じてもらえないでしょう。

ここで、IT／コンテンツ企業の存在も重要です。その地域に、まったくこのような企業やスキルを持った人がいなければ、やはりなかなか話は進まないでしょう。現在、ITは広汎に普及していることと、そのコンテンツを作るための様々な開発ツールがありますから、ちょっとした都市には意外に多くの企業や人材がいると思われます。浜田市の先の委員会の中にも何人かそのような方が入っておられます。さらに、デジタルアーカイブ作りに参加することを通じて、その企業または個人のスキルや知識も一層深まると考えます。

もっと進むと、既存企業の中からIT／コンテンツ企業が誕生するかもしれません。そのような地域文化を素材としたデジタルアーカイブをみんなで作ることによって、地域の中での文化や知識がますます普及するといえるでしょう。

そのうえで、このデジタルアーカイブから様々な新たな価値が生み出されなければ、このアーカイブは単なる地域文化の保存活動に過ぎないといえます。そこで、地域の初等中等教育の中でそのコンテンツを使って地域学習することが考えられます。地域の自治体が自身の文化に関するデジタルアーカイブを使えば、地域アイデンティティの強化になるでしょう。さらには、地元の観光事業の方々が使えば、自身の観光の良さを大いにアピールできるようになるでしょう。さらには、これまでの特産物を作る地場産業の活性化にも役立つと考えられます。

問題は、デジタルアーカイブをいかにして地域に開放していけるかでしょう(6)。しかし、まだこのような成果が生まれた地域がほとんどないのが現実です。今後は、いかにしてデジタルコンテンツから新しい付加価値を生み出せるかが大いに問われるでしょう。

地域に存在している中小のコンテンツ企業が、それぞれの地域資源を活かして面白いコンテンツを多数作り出せれば、ロングテールの部分も上方にシフトすることになります。

さらに、このコンテンツは、東京に所在する大手コンテンツ企業が大作を作るときのアイデアやコンテンツ（素材）として利用されるかもしれません。しかも、地域に所在する中小のコンテンツ企業が少し少し増え、大手のソフトウエア業や流通業がデファクトスタンダードであるコンテンツ開発ツールなどを販売できれば、東京のソフトウェア産業もさらなる発展が期待できます。

東京にある大手コンテンツ産業のさらなる成長と、地域にある中小のコンテンツ企業が新しいコンテンツを生み出せるようになれば、図7-1のパレート曲線Ⅰからパレート曲線Ⅱに移行できるでしょう。これは、総コンテンツ販売額が高まることを意味するのです。

それのみならず、コンテンツは既存の他の産業・企業の発展の基礎を与えることにもなります。先にもいったように、たとえば「観光産業」が地元のコンテンツによって大いに宣伝でき、他から観光客が増えれば、ますます地域の観光産業が栄え、その分、地元のコンテンツに対して費用が支払われるようになるでしょう。

このようポジティブフィードバックがデジタルコンテンツでもたらされるのならば、デジタルコンテンツ財が経済波及効果を生み出したといえるでしょう。

4　おわりに

デジタル技術の広範な発達と普及は、デジタルコンテンツの開発コストを大幅に下げることに役立っています。今では個人のＰＣ上で大抵のことが可能となっています。しかし、ひとりの人のできることは限られているのも事実でしょう。とくに、コンテンツは、似たような種類のコンテンツが多く集積することによって価値をもたらします。ということは、多くの中小のコンテンツ関連企業が、あるときは強いアライアンスを結び、あるときは緩やかなアライアンスを結びながら、また競争と協力を繰り返しながら、優れた面白いコンテンツを多数生み出すことが望まれるのです。

ほかの言葉でいえば、それぞれの地域ごとにユニークでオリジナリティあふれるコンテンツを生み出すことによって、地域のアイデンティティとブランド力が徐々に高まることを期待したいのです。それがひいては、その地域に存在する様々な産業や企業に利益をもたらすと考えられるのです。

そのように、創造的なコンテンツ作りからそれぞれの都市や地域が発展できるのならば、まさに創造都市が形成されたといえるでしょう。

注

（1）産業の発展の指標とは何かは実はなかなか難しい問題です。もっとも一般的なものは、売上規模の拡大（または成長率）でしょうが、そこに働く労働者の増加も考えられます。この二つから労働生産性も考えられますが、情報通信産業は、一般に思われている程成長率が高くありませんが、生産性は高い産業です。

（2）これは、マーケティング論の中でのＡＢＣ分析や「二・八の法則」といわれているものと同じ発想です。具体的には映画産業における企業売上はこのように形になっていることは実証されています。ネットワークの場合もこのような構造になることが知られています。Ｍ・ブキャナン、阪本芳久訳『複雑な世界、単純な法則』（草思社、二〇〇五）参照。

（3）大阪の地酒醸造所が、日本酒消費の長期低迷から販売不振になっていたのですが、米国の日本酒ブームもあり、ネット販売を開始したところ、それ以前の数倍の売り上げを上げたという話もあります。地域から海外に直接販売することも大きな可能性を秘めている事例といえるでしょう。

（4）これまでは主に政府および自治体が資金を提供してきましたが、現在は財政逼迫化もあり、なかなか資金が出せない状況になっています。そこでせっかく進めてきたアーカイブ事業が頓挫している地域もあります。小倉哲也「デジタルアーカイブにおける社会経済的価値に関する考察」『システム・ソリューション研究紀要二一・三合併号』（大阪市立大学創造都市研究科、二〇〇七）参照。

（5）現浜田市市長・宇津徹男氏や市役所の多くの方々が大いに神楽を支援しておられます。また地元にはＮＰＯ法人・A-GENERが全体を上手にまとめています（理事長・川神裕司氏）。さらには、中高年者が自らＩＣＴを学ぶシニアネットはまだは、メンバーも一〇〇人をはるかに超え、高齢社会に新しい可能性を示しています（代表は、長尾康一氏である）。どちらにしてもこの地域における社会資本（社会的連帯）の高さが伺われます。

（6）『システム・ソリューション研究紀要二一・三合併号』（大阪市立大学創造都市研究科、二〇〇七）の特集号として、「地域版ＤＲＭ」を提唱しています。

参考文献

近勝彦（二〇〇四）『IT資本論』毎日コミュニケーションズ。

近勝彦（二〇〇六）「コンテンツ産業育成の課題」『創造村をつくろう！――大阪・キタからの挑戦――』晃洋書房。

近勝彦（二〇〇七）「コンテンツ産業」『創造都市への戦略』晃洋書房。

電通総研編（二〇〇四）『情報メディア白書二〇〇五』ダイヤモンド社。

財団法人デジタルコンテンツ協会編（二〇〇五）『デジタルコンテンツ白書二〇〇五』。


（近勝彦）

応用編

創造的なまちづくりをもとめて

〔1〕 IT・メディア産業

8章 ITと集客産業――ITガイドシステムプロジェクト

1 ITガイドシステム推進プロジェクトとは

ITガイドシステム推進協議会が推進する「ITガイドシステム推進プロジェクト」は、集客と交流それにコラボレーションをテーマに、地域の強みを活かし、ITを戦略的に活用した地域活性化のための仕組みづくりを目指し、経済産業省関係補助研究事業から生まれたプロジェクトです。

二〇〇三年度に、経済産業省の支援を得て（財）関西情報・産業活性化センターが実施した研究プロジェクト＝「ブロードバンド等ITを用いた地域振興方策に関する研究会」の提言を受けて、二〇〇四年五月に、誰でもが利用可能な「ITガイドシステム」を推進するための組織として、「ITガイドシステム推進協議会」（会長：南谷JR西日本会長、顧問：川上元関経連会長）が設立されました。

本プロジェクトは、推進組織としての「ITガイドシステム推進協議会」と、実践的に事業を実施する事業組織としての「ITガイドシステム推進機構（共同体）」及びビジネスサポートツールとしての「ITガイドシステム」

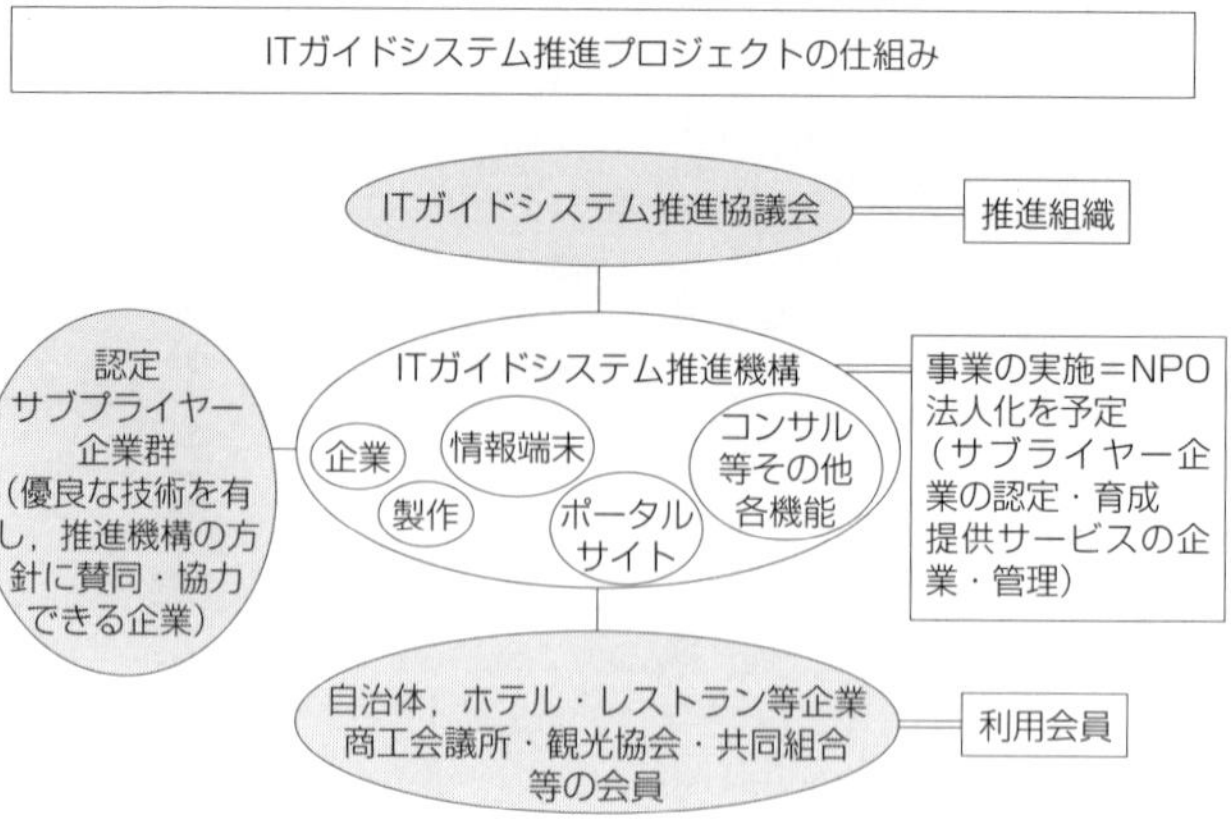

図８－１　ITガイドシステム推進プロジェクトの仕組み

出所）IT ガイドシステム推進協議会．

の各機能を分担する連携企業（サプライヤー）とで構成されています。

2　本プロジェクトの特徴

当プロジェクトは、他の支援機関とは異なり、推進するための組織としての「ＩＴガイドシステム推進協議会」と実践的な支援事業を実施する「ＩＴガイドシステム推進機構（共同体）」で構成されています。「ＩＴガイドシステム推進機構（共同体）」は、「ＩＴガイドシステム」という実践的なビジネスサポートツールを持ち、各機能を分担する連携企業等を統括する事業組織として、中小企業等の利用会員を対象に以下の事業を実施します。

(1)　交流をテーマにＩＴを戦略的に活用して、地域振興に貢献するガイドシステムと魅力的なコンテンツの研究と開発

①ＩＴの専門家でない個人や地域の中小企業、さらに商店経営者や各種の個人営業主、若手の起業家などが簡単に全国に向けて情報を発信し、ＩＴを有効に活用できる仕組みの構築と啓発普及など、ＩＴを地域振興に有効に活用する

ための様々な活動をおこないます。

②ブロードバンド環境や第三世代携帯電話などの進化を取り込んだ最新のガイドシステムの姿を具体的に提示し、関西を中心にその必要性と意義について広く普及啓蒙を図ります。

③併せ、「ITガイドシステム」を構成するサプライヤー企業等と連携して、利用会員のためにビジネスマッチング等の支援事業を展開します。

④最終的には、この活動の中で、地域の情報化や産業の活性化に具体的に寄与する独自の「関西モデル」を構築し、それを全国に広めていきます。

(2) 本事業推進に際しての四つの視点と事業概要

事業実施に際しては、以下の四つの視点を踏まえて、事業活動を推進しています。

①情報通信技術（ICT）の提供：何時でも、何処でも、誰もが利用可能なユーザーサイドに立った、使いやすい情報通信技術（ICT）の提供。

②ICT利活用能力の向上対策：利用者が情報通信技術を有効に利活用いただくためのICT利活用能力の向上対策の提供。

③情報セキュリティ対策の提供：安心、安全に情報化を推進するための情報セキュリティ対策の提供。

④人材の創出と提供：上記を実現するために不可欠な人材の創出と提供。

（**事業概要**）

推進組織である「ITガイドシステム推進協議会」においては、「ITガイドシステム」の優位性や内容について、地域等関係者に対して啓発普及活動をおこなうとともに、各種研究会やコラボレート・ビジネスマッチング事業などによって、「ＩＴガイドシステム」の機能を担うプロジェクトを生み出しています。

実践的に事業を推進する「ＩＴガイドシステム推進機構」は、「ＩＴガイドシステム」の機能を担う各企業（サプライヤー）と連携して、各種事業を実施するとともに、連携機能（企業）を融合化させ、新しい機能・事業の創出に務めています。

初期段階では、関西地域の強みである歴史・文化遺産等の観光資源に対し、ブロードバンドや第三世代の携帯電話等の最新ＩＴ（情報通信技術）を有効に活用し「ＩＴ観光ガイドシステム」を構築、国の内外から集客、交流を図り、関連産業の活性化に貢献します。

この成果を活かし、ＩＴニーズを有する企業とＩＴシーズを有する企業等の具体的マッチング事業を展開。この活動の中で、地域の情報化や産業の活性化に具体的に寄与する独自の「地域活性化モデル」を構築し、それを全国に広めていきます。

3　ＩＴガイドシステムを構成する機能（技術・サービス）

「ＩＴガイドシステム」とは、単体のものではありません。優れた企業等から提供される技術・サービスの集合体です。現在の技術・サービスの主要なものは、以下のとおりです。

①ＩＣＴ利活用力診断テスト「ＲＡＳＴＩ」、

②情報セキュリティ対策システム「ＩＳＡＫＥＹ」、

③音が出る紙面広告「オトメディア」（紙面広告に貼付けした「QRコード」から、ラジオCM音声や広告利用タレントの音声を出すことができるクロスメディアの仕組み）、
④モバイルムービー（QRコードを携帯電話で読み取るだけで、最大六〇秒間のオリジナルムービーを配信します）、
⑤カラーコード、
⑥蓄光誘導明示板、
⑦吊革蓄光避難誘導明示物、
⑧ＩＴ情報付カラーコーン表示カバー、
⑨ドライブレコーダー機能付きカーセキュリティ機器、
⑩ＭＹＳＯＳシステム、
⑪英会話ｅラーニングシステム、
⑫企業ブログ、
⑬Ｗｅｂ会議システム、
⑭法律・税務・情報セキュリティ等のコンサルタント、
⑮電話健康相談サービス、
⑯コールセンター、
⑰パソコンレジスター（パソコンをＰＯＳ（Point Of Sale）に仕立てたレジスターです。本レジスターを導入することにより、売上アップにつながるよう工夫されています）、
⑱遠隔監視カメラシステム、
⑲セルフセキュリティクラブ「セルフセキュリティ＋α」、

⑳ 通電式健診スキャナー（採血採尿検査なしで、疾患の早期発見警告予測を3D画像で表示、予防効果処置をアドバイスするシステム（受診時間は約五分間））

4　IT観光ガイドシステム事業及びタウンネットガイドシステム推進事業

ITガイドシステム推進プロジェクトは二〇〇四年の発足以来本年で四年目を迎えます。ITガイドシステムを構成する技術・サービスの内容も連携企業等の協力を得て、かなり充実してまいりました。現在取り組んでいる各種事業のうち、特に観光集客に関係するものを以下にご紹介します。

(1)　携帯電話を中核とするIT観光ガイドシステムの展開

近畿圏の観光資源活性化に向けて、普及の進んだ第三世代携帯電話をマイ観光ガイドとする仕組みの展開をおこなうものです。

QRコード活用による観光ガイドシステムの構築については、経済産業省関係補助事業として、ITガイドシステム推進協議会と㈶関西情報・産業活性化センターが連携して、プロトタイプの開発と実証実験をおこなってきました。この成果を活かし、ITガイドシステム推進協議会の会員である「歴史街道推進協議会」の歴史街道コンテンツのQRコードの活用によるIT観光ガイドパンフレットの作成や、兵庫県大河内町のパンフレットの作成など、観光を切り口にした幾つかの地域活性化事業に取り組んでいます。

その運用実績に基づき確立されたシステムを、「ITガイドシステム推進機構」が、今後、近畿圏において普及、展開を図っているところです。

(2)　タウンネットガイドシステム推進事業

上記観光ガイドシステムの実証実験等の実績を踏まえ、ICタグ端末装置と共通ポイントカード（ICタグカード）を活用したICT技術応用の地域集客システムである「タウンネットガイドシステム推進事業」を、経済産業省関係補助事業として、経済産業省、（財）ニューメディア開発協会、大阪商工会議所等産業界の協力を得て、二〇〇七年度事業として実施しています。本年二月末にはシステムが開発され、実証実験の結果を踏まえて事業化が本格的にスタートすることとなっています。事業内容は以下のとおりです。

①ICタグ端末装置と共通ポイントカード（ICタグカード）を活用したICT技術応用の地域集客システム。

②ポイント端末装置とICタグカードにより、カード所持者がポイント端末設置店舗を利用をする場合に、その店舗での消費金額に相当するポイントをICタグに記憶させたり、ポイントで消費金額を支払うことも可能。

③カードは「地域タウンネットカード」として、地域にちなんだデザインカードとし、共通ポイントカードの利用者は端末設置の店舗であればポイント利用が可能。

④端末設置店はインターネット、携帯サイト、情報誌、ストリートボード等で案内（端末装置および共通ポイントカードは普及促進を図るため、基本的に無料で配布することを検討中）。

⑤端末設置店舗の選定については、地域特性を踏まえ検討。大阪では「くいだおれ」をキーワードとした大阪の食文化を代表するような店舗や粉もの文化、ソウルフードなどを選定するほかスイーツ店や美容院等、女性の立ち寄る店舗を選定する予定です。

⑥京都では、京都の文化的なイメージを発信する「衣・食・住・祈・祭」をキーワードとして、ポータルサ

イト「源氏千年紀オフィシャルサイト」にリンクし、平安文化と源氏物語に関わる地域商店や飲食店等の振興とカード利用者への利便性とリピート性を高めることを目的とした事業展開を予定しています。

⑦端末からの情報を分析することにより、消費者の属性や統計が取れ、集積データ分析による経営コンサルタント的なサービスを端末設置店舗経営者に提供することが可能。

⑧寄付（パラリンピック・メイク・ア・ウィッシュ等）や社会参加（ドナーカード登録・献血カード・ボランティア活動等）に応じポイントを付与、毎日の消費や生活の中で社会貢献活動が出来る機能を備えたシステムを構築します。

（明野欣市）

本プロジェクトに関する問い合わせは以下のとおり。

ＩＴガイドシステム推進協議会　事務局
〒五三〇―〇〇二八　大阪市北区万歳町三―二〇北大阪ビルディング六Ｆ
TEL : 06-6311-1198、FAX : 06-6311-9393
ホームページアドレス　http : //achikochi. jp/

9章 コミュニティFMの市民化モデル

1　コミュニティFMとは？

一九七〇年代後半以降、フランスをはじめ諸外国では、「自由ラジオ」といった市民メディアが、草の根からの民主主義や市民社会の成熟に向けてさかんになってきました。

日本においては、こうした市民メディアとしての期待がかけられたものとして、ケーブルテレビのほかに、一九九二年に開始されたコミュニティFM（市区町村単位を可聴エリアとする出力二〇ワット程度の放送）があります。コミュニティFMは、阪神・淡路大震災後一時ブームとなり、現在、全国で二一六局に達し、近畿では三〇局を数えるまでになっています。

しかしながら、このコミュニティFMの設立経緯を振り返ると、我が国では、制度面から行政主導型のトップダウン的なメディアとして出発した色合いが強く、市民メディアとしての成熟面は未知数なものでした。

また、コミュニティFMの一六年の歴史を振り返ると、設立当初は行政が支援する「第三セクター型」FM局が多くみられましたが、その後は震災時での有用性が認められたこともあって全体的に数が増加する中で、「純民間型」も序々に増えてきたといえます。さらに、二〇〇三年以降は、わずかですが新しい事業形態である「NPO

型」での開局や、その流れで開局をめざす動きも出てきています。

〈特徴1〉「A　第三セクター型」の設立は一九九〇年代後半に集中。

〈特徴2〉「B　純粋民間」は、一九九〇年代末から、コンスタントに開設されている。

〈特徴3〉「C　NPO型」は、二〇〇三年（京都三条ラジオカフェが皮切り）から始まり、二一世紀に増加してきたタイプである。

ところが最近、興味深い例が、いくつか見られるようになってきました。それは、第三セクター型FM局の中で、一時は経営不振に陥りながらも、そこから見事に建て直しに成功した例です。その秘密は、実は積極的な市民参加を進めることにより、経営効率も高まり成功するようになったことにあったのです。

ここでは、その第三セクター型の代表例として、「FMひらかた（大阪府枚方市）」と「FMみっきぃ（兵庫県三木市）」を取り上げてみましょう。また、これからのコミュニティFMのプロトタイプと期待されているNPO型FM局では、市民参加を飛び越え市民自らの番組づくりで成功している「京都三条ラジオカフェ（京都市中央区）」などの例もあります。

2　FMひらかた（大阪府枚方市）

(1)　歴　史

「FMひらかた」の事務所やスタジオは、京阪枚方市駅前のビルと駅東口改札前にあるミルスタ（サテライトスタジオ）にあります。

「ＦＭひらかた」設立のきっかけは、一九九五年阪神・淡路大震災の直後におこなわれた統一地方選で、当時市民派として四〇歳の若さで初当選した市長の選挙公約「災害時の非常時情報無線の整備」からはじまりました。翌一九九六年四月には、枚方市、北大阪商工会議所、枚方信用金庫・大阪国際学園が集まって発足人会が作られ、同年六月に郵政大臣へ免許の申請がおこなわれました。市長の公約から約一年後、一九九六年七月資本金一億三〇〇〇万円の「株式会社エフエムひらかた」（出資割合、市三〇パーセント、北大阪商工会議所一〇パーセントその他）が設立され、初代社長には商工会議所の会頭が就任することとなります。そして、一九九七年一月一五日、市制施行五〇周年記念事業のオープニングとして開局しました。

比較的順調な滑り出しを見せた「ＦＭひらかた」でしたが、運営となると思ったほど簡単ではありませんでした。開局から二〇〇二年三月までの五年間は、市からの出向職員が常務取締役＝局長として着任し、その任期も市役所の人事の都合で一年から二年と短周期で交代していかざるを得ませんでした。また、その業務・コンテンツの多くを二〇〇〇年まで大阪の県域ＦＭ放送局からの派遣職員に委ね、番組編成の外部委託化をおこなったため、その経費は会社としては大きな負担となっていました。結局、こういった高い番組制作費や公務員に準ずる高い人件費にみる経営の結果、二〇〇二年三月末には数千万円の累積赤字を出すことになったのです。

写真９－１　FMひらかたのスタジオ

(2)　市民化改革

そこで新たに就任したのが、現在の二代目Ｈ局長でした。Ｈ氏は、元々枚方市の職員でしたが、早期退職し新たな人生の構想を練っていた時に白羽の矢が立ち背水の陣でこの仕事を引き受けたのです。新しく就任した局長が打ち出したのが次の三つ基本方針、「①徹底した経費削減策」「②コンセプトの明確化」「③市民参加の番組づくり」でした。

①まず、公務員ベースの人件費を改めるとともに、②コンセプトを明確にし、働いて励みのでる職場づくりを目標に掲げました。そして、③として、徹底した市民参加の番組づくりを進めたのです。

市民参加型番組では、市民は身内や近所の知っている人がラジオに出演している番組は、「身内意識」が働いて興味深く聞くようになり、親兄弟から知人にまで「口コミ」で広がり、更なる広告効果を生み出します。出演者としての市民は、放送局の情熱や公共のFM電波に自分たちの情報がのることに有用性を感じるとともに、必ず地域に持ち帰り、そのネタを通し地域の人達と新たなコミュニケーション関係をつくるというのが、新局長H氏の基本的な考え方でした。代表的な番組としては、

- 「ふれあい、ミルスタ」（Milky Way Studio の略で Milky Way は枚方の「天の川」伝説に由来する）（市民参加番組）。みんなで作り上げる朝・昼二時間ずつの生放送番組である（平日の放送）。出演者は高校全国制覇の前ラグビー監督、音楽家、小説家といった市内の著名人をはじめ、市民活動団体の関係者、寺の住職、学校の生徒さんなど出演者の肩書きはさまざまで、その出演者数は番組開始四年九ヵ月で一五〇〇名を超えています。
- 市内小学校に結成されてきた「自主防災会」の活用による防災放送としての位置付け。
- 「街角 Bird View」（市民参加番組）。生番組でレポーターが町に飛び出し、市民に登場してもらいます。そのなかでも、「Bird in Hi School」コーナーは、高校の昼休みを訪れ、高校の自慢やクラブ活動の紹介など

電話で生放送のレポートをおこなっています。

- 「デビュー de DJ ひらかた KIDS」。夏休みの八月の一カ月間、毎日、市内在住在学の小・中学生が二人一組でDJデビューするというもの。時には、ゲストミュージシャンと将来の夢を語り合うこともあり、子どもたちにはかけがえのない思い出となるのか、その後もリピーターとしての参加も多く、若年層をはじめ「身内リスナー」の獲得に成功しています。
- 「U.K. CAPSULE」（市民制作番組）。市内にある大学の学生による番組。
- 「ラジオドラマ D-BOX」（市民制作番組）。市内の公民館のサークルに依頼しシナリオから声優まで全てが市民という番組。

(3)　「FMひらかた」の改革の効果

改革前と比較して、改革後は、総売上額が約一割弱伸びています。市からの予算カットにより市の広報費が約一割弱減少しているにもかかわらず、放送局本来の広告収入が四割以上の伸びを見せているのは注目できます。二〇〇一年の単年度収支は、臨時支出もあり、大きな赤字でしたが、二〇〇六年には一一〇〇万円の黒字と大幅に改善されました。このように、人件費圧縮や制作経費抑制、徹底した市民参加番組へのシフトにより、リスナーの確保やスポンサーの信頼向上により毎年一〇〇〇円万以上の黒字を出すことにより、累積赤字も解消されたのです。

また、市民参加番組への基本方針の変更は、番組表の番組構成を比較しても一目瞭然で、深夜番組を除く七時から二四時までの間で比較すると、市民参加型が一パーセント程度から四六パーセントと大幅に増えています。

番組の質の低下を防ぐために、自局ディレクターや契約ディレクターが、外部スタッフであるプロ・セミプロのパーソナリティを、「FMひらかた」カラーに合うようにマネジメントしていき、外部スタッフを組織化して内部

写真9－2　FMみっきぃのスタジオ

強化を図っています。市民参加の場合は、ゲストとして出演するとき、プロ及びセミプロの番組制作者やパーソナリティが主導権を握り、出演者の緊張をほぐしながら出演者に応じた人間性を引き出すようにしています。

3　FMみっきぃ（兵庫県三木市）

(1) 歴　史

「FMみっきぃ」は、三木市役所のエントランス部分に併設されている「みっきぃホール」内にオープンスタジオと事務所を置く三木市出資の第三セクター型コミュニティFM局です。

設立に向けての取り組みのはじまりは、一九九三年四月に、三木商工会議所青年部のメンバーが、「メディアを使ったいきいきした街づくり」をめざそうと部内に情報部会を設置したことにさかのぼります。この動きは一九九五年に現地でも大きな被害をもたらした阪神・淡路大震災を契機としてさらに加速し、商工会議所を通して市に提言されました。その提言が地域振興策を模索していた行政側の思惑と一致したこともあり、一九九六年五月に三木商工会議所や三木市などが発起人となり、資本金六五〇〇万円（出資割合、三木商工会議所が三四パーセント、三木市が三一パーセント）、株主数九社の「(株)エフエム三木」が、第三セクターという位置づけで設立され、一九九六年一二月一日「FMみっきぃ」が開局しました。

ここでも、やはり運営はすべて局長に一任されることとなります。初代局長の時代には、放送時間は衛星放送（CS放送）より送られてくる東京発の音楽主体の番組の活用が中心でした。経営基盤が出来ていなかったこともあって、番組の制作は、ほとんど外部プロダクション会社に委託するといった「制作丸投げ番組」が多く、番組の自主制作費率は三〇パーセントを下回り、地域密着性の薄い番組構成でした。しかも知名度が低いこともあって、毎年約二五〇〇―五〇〇〇万円程度の赤字が生じていました。

⑵ 改　革

そのような状況の中、初代局長は、以前から放送界仲間であった、神戸のAMラジオ局である「ラジオ関西」で三十数年スポーツ報道をメインに報道局長から取締役を務めた生え抜きの報道マンのY氏に白羽の矢を立て、二〇〇一年五月に二代目局長として局の運営を委ねたのです。

二代目局長が就任後しばらくしてから始めた経営改革策は、「①市民参加番組を基本とした自主制作番組比率のアップ」、「②番組の質の向上」「③赤字体質脱却のための市提供番組の獲得と放送外収入の確保」の三つでした。

この方針にそって生まれた素晴らしい番組群は、

- 「三木の百人」市内の活躍している人にスポットライトを当て、ラジオで市内にPRするといった人気番組。市から広報委託事業以外に新規の市提供番組を獲得するために企画されたもので好評のうち行政枠として固定化。
- 「トライやるウィーク」中学生の課外事業でおこなわれる一週間の職業体験。
- 「みっきぃサンセットライぶらり」子どもたちや保護者が聴ける午後五時から七時の二時間に放送する修学旅行など学校行事や学校のイベント情報。
- 「今日の給食な〜に？」さらに平日の一二時過ぎから放送し、保護者が晩ご飯の献立とかぶらないようにする番組。

- 「子ども安全・安心コール」教育委員会とタイアップして、児童の安全を守るための毎月一日と一五日に子どもたちの登下校時間に会わせて一日五回のスポット放送。

などがあります。

(3)「FMみっきぃ」の改革の結果

まず、財務指標をみると、総売上は、改革前より約一〇〇〇万円（二七パーセント）増加しています。これは、局の積極的な新企画事業の展開によるもので、イベント収入や市提供番組の増加です。一方、年間経費を見ると、人件費の増加のある割に、制作経費は若干の削減が図られています。その結果、改革前の単年度収支が、五三二万円の赤字であったものが、改革後は、四四四万円の黒字となりました。

その最大のポイントは、放送番組の構成が大きく変わっていることです。深夜部分を除いた七時から二四時までのそれぞれの比率を比較すると、まずは改革前六三パーセントあった音楽専用番組が三五パーセントまでに少なくなっており、前述した音楽かけっぱなし番組が激減しました。次に市民参加を基本した自主番組比率のアップによるもので、改革前は一三パーセントであった市民参加番組比率が二二パーセントに改善され、自主制作番組比率も四一パーセントから六五パーセントまでに上がっています。また、制作コストが抑えられる生番組の比率も二一パーセントから四三パーセントと倍以上になっているのです。

リスナーとスポンサーの信頼を確保するために重要な「番組の質」の強化は、まず、外注スタッフの補強をおこない、特にウィークデイのパーソナリティには、十数人のプロやセミプロを外注スタッフとして登用しました。そ

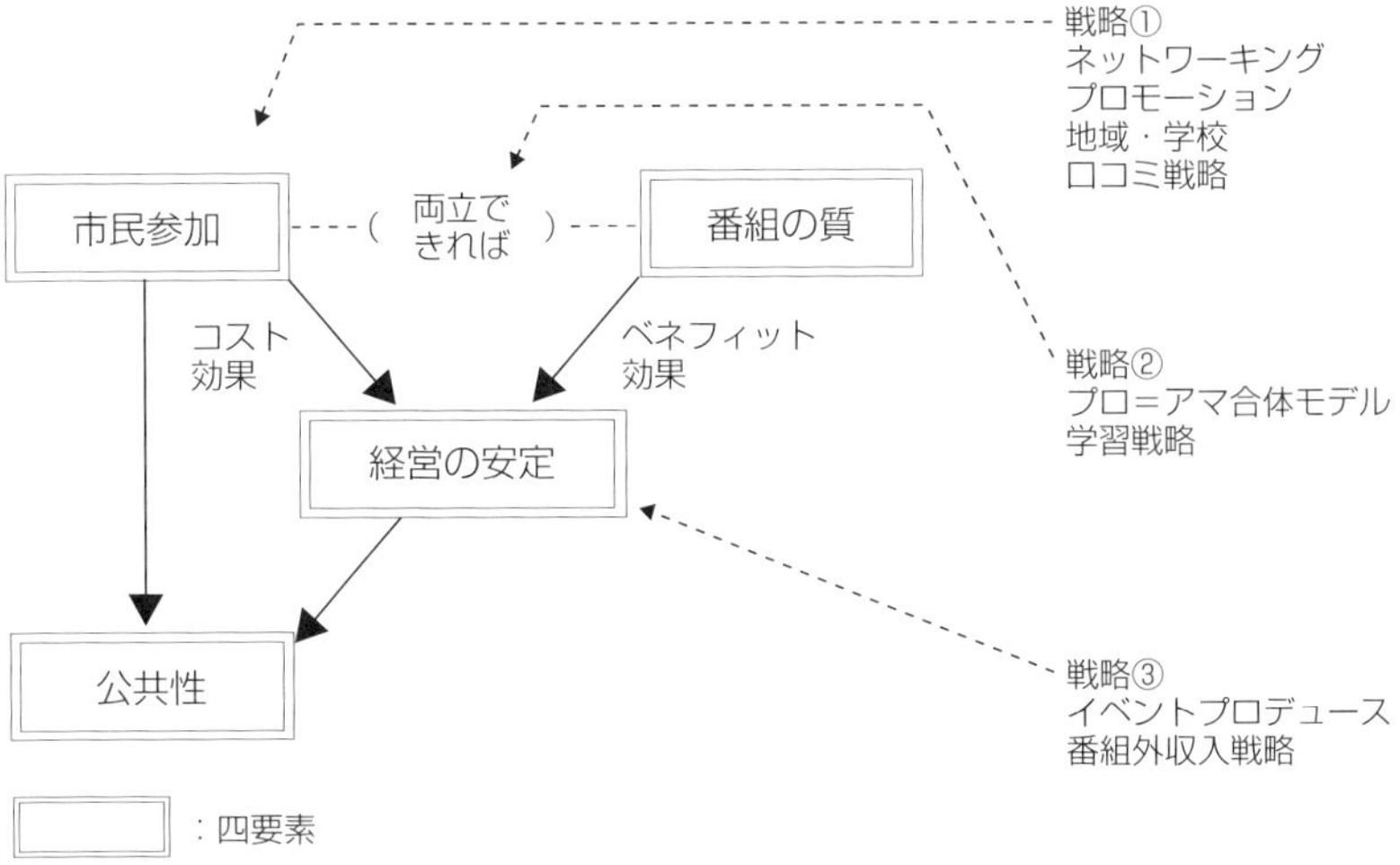

図9-1　コミュニティFMの市民化モデル

して、ボランティアをプロ・セミプロのアシスタントとして起用する「プロ・アマ」合体モデルにみるグループ制をつくることで品質を確保しているのです。このように適正なマネジメントによって、プロ・セミプロが持つスキルなどを市民ボランティアにもたらすといった「ボランティア教育システム」をつくったのです。

4　コミュニティFMの市民化モデル

このように、コミュニティFMの成功例をみてみると、これまで、両立が難しいと考えられてきた「市民参加」「番組の質」「経営の安定」「公共性」などの要素（図中の四要素）をうまく両立させ、相乗効果を生んでいることがわかります。

市民参加をうまくおこなうのは、戦略①としての「ネットワーキング」です。これにはプロモーション、地域・学校などの利用、口コミ効果などが含まれます。

しかし、もっとも鍵となるのは、本来、そのままでは両立の難しい「市民参加」と「番組の質」の両立です。これを実現したのが、戦略②としての「プロ・アマ合体モデル」という学習システムでした。本来両立の難しいこの二要素が両立することにより、「市民参加」からはコスト効果、「番組の質」からはベネフィット効果が期待できるので、「経営の安定」が確保できるのです。また、「FMみっきぃ」でみられるように「イベントプロデュースのような番組外収入」により「経営の安定」がさらに実現できます。これが戦略③です。

このように「経営の安定」が実現し、「市民参加」が進むことによって、地域住民のためのメディアといった社会的影響力が増大し、公共コンテンツも確保でき、行政も支援できるようになる、すなわち「公共性」が実現することになるのです。

いままで、マスメディアといった中央から地方への一方的な「情報の洪水」の中にあって、このコミュニティFMのような地域からの市民参加による情報発信は、市民社会の構築に向けてこれから大きな意義をもつものと思われます。

（浅田繁夫）

参考文献

金山智子編（二〇〇七）『コミュニティメディア』慶應義塾大学出版会。

小内純子（二〇〇三）「コミュニティFM放送局の全国展開と北海道の位置」『社会情報学研究』一二巻、札幌学院大学社会情報学部。

小長谷一之（一九九九）『マルチメディア都市の戦略』東洋経済新報社。

田坂敏雄（二〇〇五）『東アジア都市論の構想――東アジアの都市間競争とシビル・ソサイエティ構想』御茶の水書房。

田中康弘編（二〇〇四）『日本コミュニティFM協会一〇年史――未来に広がる地域の情報ステーション――』日本コミュニティFM協会。

10章　コンテンツ産業の経済効果

1　はじめに

コンテンツ産業は、実に幅の広い産業の集まりなので、一括して、その経済的意義や効果を述べることは難しいでしょう。そこで、コンテンツ産業が果たす役割というよりは、コンテンツ財自体がどのような働きをもっているのかを分析対象にしたいと思います。

コンテンツ財をもっとも大きく分けると、①市場によって経済取引される場合と、②市場にはのぼってこない場合がありますが、市場外のコンテンツにもなんらかの社会経済効果がある場合があります。前者の場合は、取引によって価格がつきますので、それを価値の指標とみなすことができます。それに対して、後者は、価格という形ではその価値が現れないので、なんらかの方法によってその価値を測定しなければならないのです。

そこで、この章では、形がなく目に見えない（intangible & invisible）経済効果の測定手法を簡潔に示すことを目的とします。

2　コンテンツ産業の経済効果とは——市場で取引される場合

まずは、市場によって、コンテンツ財が取引される場合を考えてみましょう。そのときには、主に、三つの形態が考えられます。

(1)　その第一は、コンテンツ財自体が単独で取引される場合です。この代表的なコンテンツは、映画や音楽や本や雑誌などです。現在は、インターネットを通じて、デジタルコンテンツとして配信、購入されることが急速に増加しています。

(2)　第二は、コンテンツのキャラクターや物語などが他の商品やサービスに付随して使用される場合が考えられます。たとえば、アニメのキャラクターは、TVアニメだけでなく、玩具になったり、ゲームソフトに使われたり、各種のノベルティに使用されることが多いのです。いわゆるキャラクタービジネスやライセンスビジネスとして使われるのです。一つのキャラクターや物語から、異なる種類の財の販売につながるのですから、大いにこのビジネスモデルは使われています(1)。

(3)　第三は、コンテンツ財自身が消費者に販売されるのではなく、他の財の販売促進に利用されるものです。たとえば、現在、大都市では高層マンションが多数建設されていますが、その販売促進のために、代表的な部屋の内装や部屋から見える外の景色などをネット上で見ることができるサービスを提供することが流行っています。これによって、そのコンテンツを見た人が、マンション購入に意欲が出てくれば大きな経済効果をもたらしたといえるでしょう。この場合、デジタルコンテンツ製作者とマンション販売者との取引はある

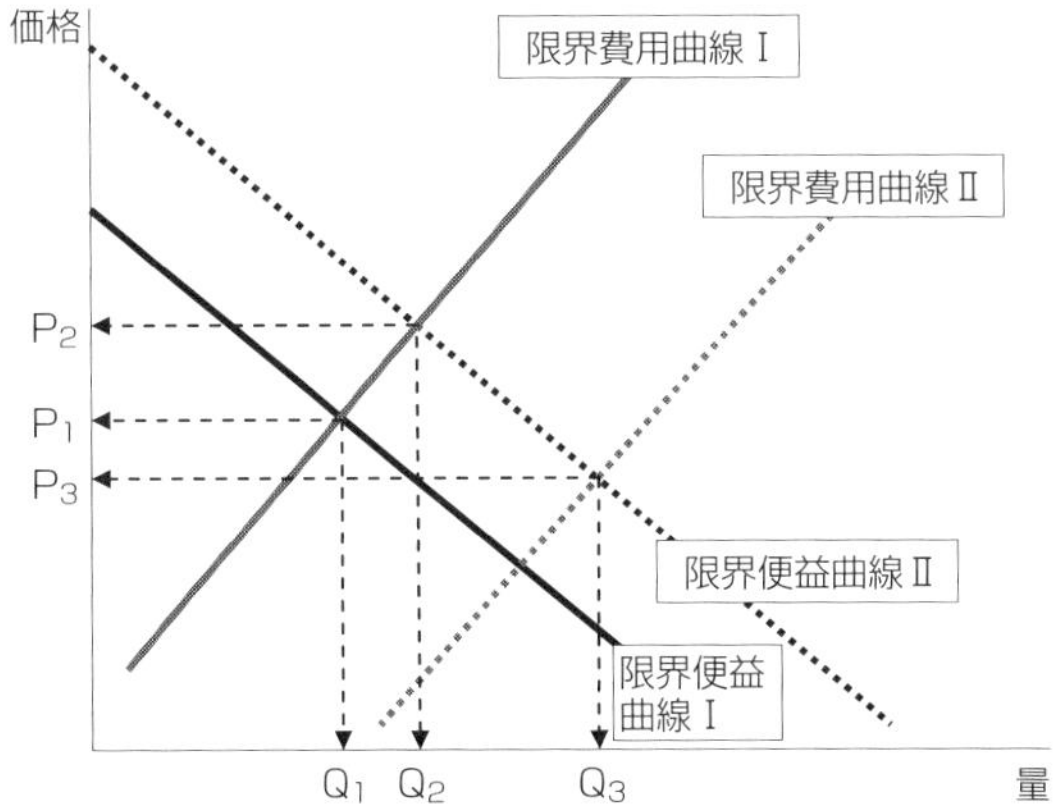

図10－1　コンテンツに関する需給関係

のですが、その映像自体を消費者が購入するわけではないので、第三の分類に入れることにします。実際、コンテンツの販売は、消費者というよりも、業者間での取引のほうが大きいといえるでしょう。TV番組の場合でも、民間TV局は、スポンサー企業からCM代をとり、視聴者はタダで番組をみているのです。お金のやり取りはあくまで業者間なのです。

どちらにしても市場化されるときには、図10-1のようなコンテンツの需給関係が描けるでしょう。

図10-1は、横軸に「コンテンツ販売量」をとり、縦軸にはその「価格」をとっています。この図表を使って、いろいろと経済的シミュレーションをしてみます。

まず、消費者によるコンテンツ財に対する限界便益（需要）が高まって、その限界便益曲線Ⅰが限界便益曲線Ⅱになったとしましょう。現に、デジタルコンテンツに関しては、その販売額は急拡大を続けています。やはり、デジタル機器やPCの普及に伴って、利便性が高まっているからでしょう（勿論、画質や性能が向上していることは当然です）。すると、需要の高まりによって、価格が上がるとともに（P_1→P_2）、販売量も増大することになるでしょう（Q_1→Q_2）。

このコンテンツの人気で、デジタル機器や各種のソフトウェアが売れれば、量産効果（経験効果）で、限界費用曲線がⅠからⅡに移行することは十分に考えられます。すると、価格が低下するとともに（P_2→P_3）、販売量もさらに拡大することになる可能性が高いでしょう（$Q_2 \to Q_3$）。

このような形でコンテンツ量が増加すれば、コンテンツ関連産業が大いに潤うと考えられるのです[2]。

3　コンテンツの価値測定戦略——市場で取引されない場合

今度は、コンテンツが市場で販売されない場合を考えてみます。市場で販売しない場合は、厳密にいえば、その供給者はコンテンツ企業ではないといえるでしょう。では、そのようなものがないかといえば、実は市場に出回らないコンテンツもかなり多いといえます。

(1) たとえば、「公共財」の場合は、一般に販売されません。政府や自治体が作り出す各種の統計資料やテキストや映像などは市場では取引されないものの、社会経済にとってきわめて有用なものも多いのです。

(2) つぎに、市民が「ボランティア」でコンテンツを生み出すことも増えつつあります[3]。さらには、組織内部で開発され流通しているコンテンツも非常に量が多いといえます。ただし、その量がどのくらいで、どのくらいの価値があるのかは、外部からははっきり知りえないのです（内部でも十分にはわからないでしょう）。

このようなときに、米国における組織観によると、組織は「情報処理における費用との関係でその規模が決まる」という考え方が有力です[4]。ようするに、組織外から情報や知識を買ったほうが安くつくか、内部の組織員によって作り出したほうが安いのかによって、組織の規模が決定されるとみるのです。勿論、それは単なる価格だけの問題ではなく、安定的に必要な情報や知識が入手できるのかということや、企業のノウハウや機密に関するものもあるでしょう。ただし、その情報の質の問題も考えると、その価値が簡単には市場取引と代替関係では議論できないといえるでしょう。

以上のようなコンテンツの価値は、いかにして決めることができるのでしょうか。ようするに、価値が顕示されないものに対して、どのような測定手法をとることができるかが問われているのです。

このような価値測定として「表明選好法（Stated Preference Method）」という手法がよく用いられています。この手法の中でもっとも代表的なものが「仮想評価法（ＣＶＭ＝Contingent Valuation Method）」です。これは、公共財の価値測定に一般的に使われます。(5) なぜなら、公共財は市場で取引されないので、市民から公共財の効用を表明してもらわなければならないからです。ただし、本人が表明した価値分ほど支払わなければならないときには、意図的に低めの表明をして、いわゆる「フリーライド」（ただ乗り）をする可能性があることが知られています。

ただし、企業の中でのコンテンツの価値などは、その利用者に表明してもらうしかないのが現実です。そのときに、いかにしてフリーライドを防ぎ、正しい表明を引き出せるかが問われることになります。理論的にいうと、図10-1のような限界便益をそれぞれの利用者からきちんと聞き出し、それを総和すると、まさにコンテンツの限界便益曲線が描けることになるのです。

しかし、ＣＶＭには、いろいろな長所があることも知られています。その一つは、何はともあれ、消費者（市民）の表明であるということです。公共財でいうと、市民の表明は市民の自由意思によっておこなわれるので、それなりに大きな意味を持っているといえます。民主主義社会は、最終的には市民の意思によって決定・運営されるのですから、市民の意思はやはり最大限尊重されるべきでしょう。企業組織の中での便益でいうと、その利用者が役に立っているという表明はそれなりに価値があるといえるでしょう。

同じような条件で毎年ＣＶＭ調査をすると、年度ごとの変化はそれなりに意味を持つといえるでしょう。勿論、利用者は年度ごとに替わるかもしれませんが、その利用者の数がある程度の大きさですと、統計的にはそれなりの意味を持つといえるでしょう。また、ＣＶＭ調査の際は、仮想の財やサービスを市民に提示するのですが、その提示の仕方が長い調査経験によって、徐々によい仕方が確立することが期待できるでしょう。

4　おわりに

本章では、コンテンツ財が、市場で取引される場合とされない場合とに分けて、その価値測定を考えてきました。ＩＴの発達と普及により、コンテンツの開発がより安価により容易になりつつあるといえます。すると、これまで自社商品の販売促進などのために外部にコンテンツ製作を発注していたものが、内製化できるでしょう。一言でいえば、「既存企業のコンテンツ産業化」といえます。そうなると、市場取引量（額）は、あまり伸びなくなるかもしれません。

既存のコンテンツ企業が、このような流れに抗していくためには、「コンテンツ産業の脱コンテンツ化」に向かうか、「コンテンツ産業の高度化」しかないと考えられます。前者の例でいえば、コンテンツ企業が、電子商取引などをすることもあるでしょう。後者の例としては、既存企業がもっと使いやすく、もっと付加価値のとれるソフトウエアツールや知識の供給などが考えられます。

しかし、コンテンツ市場があまり伸びなくとも、経済社会内のコンテンツの総価値は伸びているといえます。このような時代こそ、非市場的な価値を測定する表明選好法とくにＣＶＭという手法はより重要性を増すといえるでしょう。

注

（１）メディアは、メディアとしてのマルチユースも可能ですが、他の財物の付加価値化にも役に立っているといえます。そのときには、すでに別の章で話をしたように、企画段階から複数の企業が参画する方式が一般化しています。

（2）デジタルコンテンツ財とデジタル機器とは、「代替関係」というよりは、「補完関係」であり、両者はそれぞれの市場を刺激しながら成長すると捉えることができるでしょう。この点、デジタルコンテンツは巨額の販売金額となるデジタル機器の市場を活性化するのに大いに役立つといえるでしょう。

（3）NPOなどがコミュニティのなかで作るコンテンツもあります。また、ボランティアでみんながソフトウェアやコンテンツを作ることもインターネット上で常識化しつつあります。

（4）O・E・ウィリアムソンなどが数十年前に提唱。P・ミルグラム他（二〇〇一）『組織の経済学』（NTT出版）参照。

（5）もともと環境経済学などでは、環境財の社会経済価値は多面的なので、利用者などから「支払意志額」（WTP＝willingness to pay）を聞き、それをもとに経済価値を測定しようという試みがおこなわれていたのです。

参考文献

近勝彦（二〇〇〇）「教育文化財の新しい評価技法と事例分析」『商学討究』小樽商科大学。

近勝彦（二〇〇〇）「情報財の供給課題とその基礎分析」『北東アジア地域研究序説』国際書院。

近勝彦（二〇〇五）「情報資本の特殊性」『JACIC情報』日本建設情報総合センター。

近勝彦（二〇〇五）「情報資本の測定手法」『JACIC情報』日本建設情報総合センター。

近勝彦（二〇〇六）「情報投資評価に関する基礎理論の研究」『システムソリューション研究紀要』大阪市立大学。

後藤和子編（二〇〇五）『文化政策学』有斐閣。

D・スロスビー、中谷武雄・後藤和子監訳（二〇〇五）『文化経済学入門』日本経済新聞社。

（近勝彦）

11章 デジタルアーカイブの社会経済効果

1 はじめに

近年のコンテンツ産業の情勢は、ブロードバンド環境の整備や、デジタル技術の進展に伴い、コンテンツの流通経路の多角化が進み、コンテンツビジネスのグローバル化・国際競争激化に拍車をかける一因となっています。一方、各地域では、総務省が「地域文化デジタル事業」を推進した結果、各地域の文化財等のデジタルデータベースが整備されました。そこで注目を浴びたのが「デジタルアーカイブ」です。これまで、様々な地域で、博物館・美術館等の収蔵物のデジタル化やネットワーク化等がおこなわれてきましたが、多くの場合、館内での利用に留まっているようです。今後は、コンテンツを記録や蓄積するだけでなく、幅広く発信していくことが重要です。また、それらを地域の資産として活用することも必要です。ここでは、デジタルコンテンツが社会発展に対していかなる経済的意義を持っているのかを論じます。

2　デジタルアーカイブとは

デジタルアーカイブとは、いまだ明確な定義があるわけではないのですが、ここでは、「保存や継承が困難となった、博物館、美術館、公文書館や図書館の収蔵品をはじめ有形・無形の文化財や歴史的遺産、公共財等をデジタル技術によって、半永久的に劣化することなく保存し公開をおこなうシステム[1]」と考えることにします。デ文化資源等をデジタル化することによって、修復や公開、インターネット等を用いた利用も容易となります。デジタルアーカイブは、デジタルネットワーク文化の集積・発信拠点として中核的な機能を果たすものです。デジタルアーカイブの整備によって、「国民の文化志向の高度化と多様化に対応し、様々な文化財、美術品、地域文化、舞台芸術、重要な公文書等の歴史的資料等に関する情報が、地理的な制約を受けずにどこにおいても入手・利用できる環境[2]」を実現することができます。このように、デジタルアーカイブは、きわめて多面的な社会的価値を本来もっているといえます。

3　デジタルアーカイブの本質的効果

次に、デジタルアーカイブ化を進めるうえで、どのような価値が存在するのかについて考えてみます。第一の効果は、「破損・劣化防止」です。デジタル化することにより、破損・劣化を恐れることなく、貴重資料等の提供が可能になります。つまり、原資料を保護するために、複写の制限があった資料等も、デジタルアーカイブであれば提供が可能なのです[3]。このようにデジタル化することにより、半永久的に映像資料を保存するとともに、

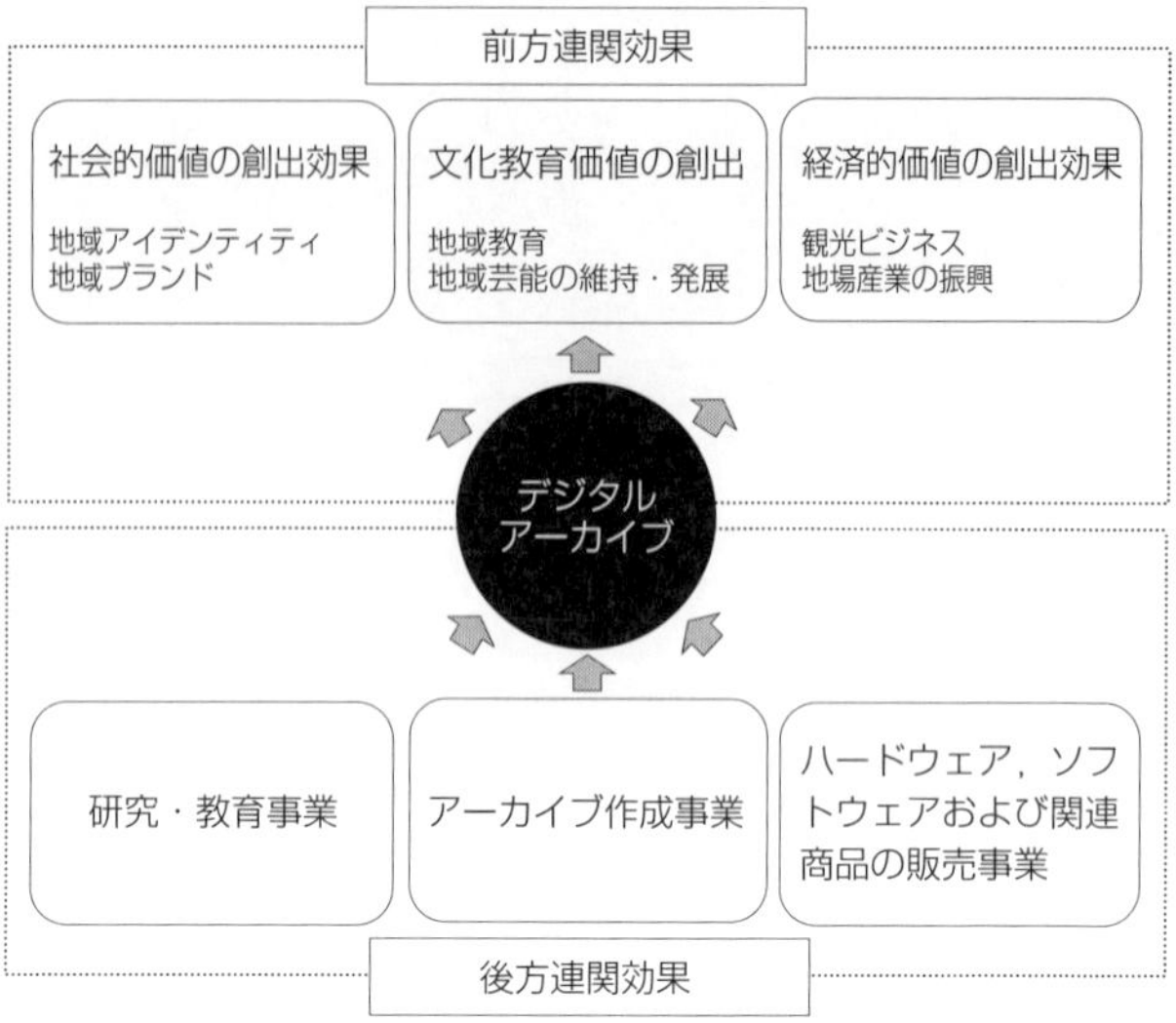

図11－1　デジタルアーカイブの多面的効果の構図

資料の毀滅を防ぐことになります。また、消滅する可能性があるものを、事前に回避することができます。

第二の効果は、「活用の革新」です。蓄積したコンテンツをデータベース化することにより、効率的に管理することが可能になり、必要な資料の検索や抽出が容易におこなえます。また、大量のデータが高速に処理することができます。それにより、資料を新たな切り口から見ることが可能となります。さらには、インターネットを用いてどこからでも貴重資料へのアクセスが可能となります。また、各小中学校や自治体による郷土学習や生涯学習への活用などが考えられます。

以上が、デジタルアーカイブが生み出す本質的な効果ですが、デジタルアーカイブは地域社会において、もっと大きな価値を生み出すと考えなければなりません。それを示しているのが図11-1です。つぎにこれを説明しましょう。

4　デジタルアーカイブの社会経済効果

ここでは、地域発展における時間的な効果を考慮します。すなわち、地域の中で財の投入がおこなわれたとき、

「財を生産するための過程における効果（後方連関効果）」と、「財生産が終了しそれを人々が利用する際に生み出される効果（前方連関効果）」という二つの効果があると考えられます。

(1)　後方連関効果

デジタルアーカイブの「後方連関効果」には、主に三つのことが考えられます。

第一には、デジタルコンテンツを作るための文字や写真、動画の整理・収集・評価活動が考えられます。これらの活動を誰がおこなうべきかは難しい問題ですが、主な事業主体としては、都道府県または市町村の教育委員会であることが多いでしょう。ただし、実際に資料の収集・整理・評価分析をおこなうのは、地域の教育機関（歴史に詳しい教師や大学など）や郷土史家、ＮＰＯなどに委託することになるでしょう。

第二には、それにもとづいてデジタル化を実際に担う事業が必要になります。一言でいえば、デジタルアーカイブ制作に関する事業です。このような事業は、アーカイブ化を進めるのに必要であることだけでなく、地域の中の数少ないコンテンツビジネス企業の大きな需要創出につながるでしょう。さらにいえば、この事業を通じてコンテンツビジネス企業のノウハウの蓄積に役立ち、数少ないコンテンツビジネスの育成に資するものと考えられます。

第三としては、デジタルコンテンツを開発するためのＰＣやスキャナ等のハードウェアや、制作のためのソフトウェアなどの販売拡大につながるでしょう。

(2)　前方連関効果

これらによって作り出されたコンテンツは、市民や行政によって多面的に使われなければあまり意味が無いのです。そこで、デジタルアーカイブの「前方連関効果」として、図11-1では三つ挙げています。

その第一の効果は、「文化教育価値の創出」です。これは、すでに述べたデジタルアーカイブの効果とほぼ同じことですが、もっと積極的な価値創出を考えています。例えば、小学校や中学校の教育にデジタルアーカイブを活用すれば、既存のコンテンツのコスト削減につながるとともに、市民自らのコンテンツによる、より深い地域教育に貢献することが考えられます。さらには、このデジタルアーカイブを使うことによって伝統芸能・文化の維持発展にもつながるでしょう。

第二の効果は、「社会的価値の創出」です。この最も中心となるものは、地域アイデンティティと地域ブランドの創出です。地域の人口がますます減少する中で、人々はより生活のしやすい場所や、強い都市ブランド力を持っている地域へ移動していく可能性が高くなります（「公共選択の理論」では、このような市民の行動を「足による投票」と呼んでいます）。そこで、今述べたことが実現できない地域は、ますます過疎地域となっていくでしょう。一言でいえば、日本社会の二極化がますます進むということです。そこで、デジタルアーカイブを活用することで、地域の素晴らしさや地域の特徴を地域の内外に発信することができれば、衰退が著しい地域の再生や、その減少を緩やかなものにすることができると考えられます。

第三の効果は、「経済的価値の創出」です。地域の地場産業は、産業構造の転換やグローバル経済の進展に伴う空洞化や、地域人口の減少により大きな危機に直面しています。そこで、より高い付加価値を創出するためには、デジタルアーカイブの経済活動への応用が考えられます。その一つとして、「観光ビジネスの活性化」があげられます。観光ビジネスは大変に裾野の広い複合的なホスピタリティ産業です。この中には、宿泊業から観光施設（代表的なものに宗教施設や歴史史跡やテーマパークなどがあります）や、おみやげビジネスまで多くの活動主体が入るので、デジタルコンテンツは様々な面に利用できます。さらには、地場産品の高付加価値化のために、デジタルコンテンツを使ったデザインやパッケージ化がおこなわれます。今後は、デジタルアーカイブを地場産業の振興に大いに活用し、地域のアイデンティティの確立や、地域ブランドの形成に役立てていくべきでしょう。

（小倉哲也）

注

（1）デジタルアーカイブについての定義は様々な議論がありますが、本章では平成一五年版の『情報通信白書』による定義の「博物館、美術館、公文書館や図書館の収蔵品をはじめ有形・無形の文化資源等をデジタル化して保存等をおこなうシステム」を用いることとします。

（2）e-Japan重点計画二〇〇二における、公共分野の芸術・文化分野の情報化。

（3）著作権との関連もあるため使用料が発生する場合や使用許諾が必要な場合もあります。

参考文献

総務省（二〇〇三）『情報通信白書、平成一五年版』ぎょうせい。

デジタルアーカイブ推進協議会（二〇〇五）『デジタルアーカイブ白書二〇〇五』。

経済産業省（二〇〇六）『デジタルコンテンツ白書二〇〇六』財団法人デジタルコンテンツ協会。

大阪府デジタル文化都市創造会議（二〇〇七）『デジタルアーカイブの市場流通と新たなビジネス創出に向けて（提言）』。

田村明（一九九四）『現代都市読本』東洋経済新報社。

中村良平・田渕隆俊（一九九六）『都市と地域の経済学』有斐閣。

岡田知弘他（一九九七）『国際化時代の地域経済学』有斐閣。

12章 大学発ベンチャーの経済効果

1　全国における大学発ベンチャーの経済波及効果

経済産業省が実施している大学発ベンチャーに関する基礎調査」結果を参考に、大学発ベンチャー企業の創出がもたらす経済波及効果を推計しました。なお推計にあたっては、平成一六年度調査結果（速報）を用いました。

⑴　大学発ベンチャー数の確定とアンケート

基礎調査では、大学発ベンチャー創出状況に関するアンケート調査を、全国の大学（ＶＢＬ、ＴＬＯ、知的財産本部、地域共同研究センター、産学連携組織等）、工業高等専門学校、地域プラットフォームに実施し、追加の情報を総合して、最終的に二〇〇四年末時点での大学発ベンチャーを一〇九九社と確定しています。

⑵　直接効果

この一〇九九社が直接生み出す売上高および雇用者数が、「直接効果」になります。アンケートの有効回答から、一社あたりの平均的売上高は一億四七〇〇万円、一社あたりの平均的雇用者数は一〇・一人と計算されますので、この平均的数値それぞれに一〇九九をかけて、一六一五億円、一万一一〇〇人となります。

⑶　間接効果

一六一五億円の生産活動が誘発する間接効果は、平成一二年産業連関表に基づく中間投入率(1)および産業平均の生産誘発係数(2)を乗じて、一二三七億円となります。

最終的な総合効果＝直接効果＋間接効果は、二八五二億円となりました。

2　近畿地域における大学発ベンチャーの経済波及効果

この調査結果に基づき、近畿地域における大学発ベンチャーの経済波及効果分析をおこないました。

(1)　大学発ベンチャー数

本調査によると、二〇〇四年度末時点で近畿地域の大学発ベンチャー企業数は二二〇社に達し、全国の約二〇パーセントを占めるなど、近畿地域での起業は活発になっています。

(2)　直接効果

この二〇〇社に上記の平均売上高をかけて、近畿管内の売上高合計は約三二三億円と推計されます。

(3)　間接効果

この売上高を元に、平成一二年産業連関表に基づく中間投入率および産業平均の生産誘発係数をかけて、近畿地域における大学発ベンチャーの間接効果を計算すると、約二四七億円となりました。

最終的な総合効果＝直接効果＋間接効果は、五七〇億円となりました(3)。

今後、近畿地域内の成長企業の拡大、関連産業の集積や産業ネットワークの進展により、経済波及効果の一層の拡大が期待されます。

ところで、この間接効果は、各産業のお互いの受発注関係によって経済効果が拡大しているものです。その求め方について以下に説明しておきましょう。

3　産業連関表とは?

あらゆる産業は、自分のみでは成立しません。他の産業から原材料を買い、それをもとに製品を作って、他の産業に販売しています。また、作っているもののうち完成品は、最終消費者に販売して終わりです。このような産業間の「お互い持ちつ持たれつ関係」、すなわち、産業連関を表したものが産業連関表です。

いま、一番簡単にして、図12-1の(1)のように二つの産業しかないとしましょう（もっと多くても原理は同じです）。産業1が、産業1、産業2、最終消費者にそれぞれ売る額、およびその総生産額が、

x_{11}, x_{12}, F_1, X_1

また、産業2が、産業1、産業2、最終消費者にそれぞれ売る額、およびその総生産額が、

x_{21}, x_{22}, F_2, X_2

であったとします。このとき、販売面（販路）からみた生産構造は、

$$X_1 = x_{11} + x_{12} + F_1$$
$$X_2 = x_{21} + x_{22} + F_2$$

となります（図12-1(2)の表を行（ヨコ）方向にみたもの）。

一方、購入面からみると、製品をつくるには、原材料を買うほか、従業員さんの知恵と汗が必要です。エンジニアは知恵と技術を提供、現業部門が努力して製品を作ります。そのときついた付加価値は、その産業が、雇用者から買った労力の価値＝雇用者所得などによって報いられます。これを産業1、産業2について、V_1, V_2 とします。すると、産業1が、産業1、産業2から買った原材料費は、x_{11}, x_{21} なので、これにV_1を足したものは、実は産業の総購入額となりますが、産業活動がバランスをとっている限り、これは総生産額に等しくならなければなりません。産業2についても同様です。すなわち、

$$X_1 = x_{11} + x_{21} + V_1$$
$$X_2 = x_{12} + x_{22} + V_2$$

となります（図12-1(2)の表を列（タテ）方向にみたもの）。

これらの関係を表で表現したものが産業連関表です。

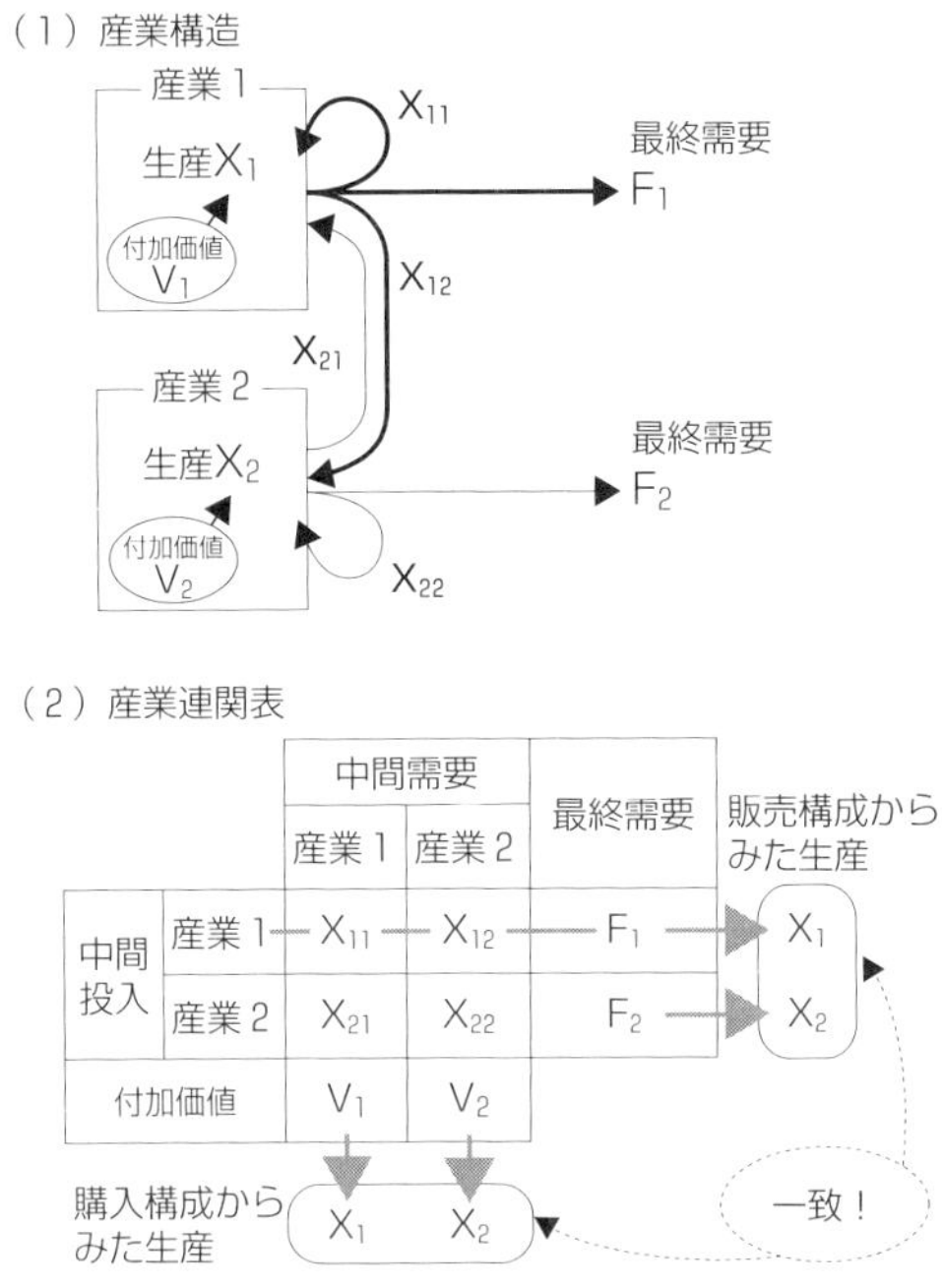

	中間需要		最終需要	販売構成からみた生産
	産業1	産業2		
中間投入　産業1	X_{11}	X_{12}	F_1	X_1
中間投入　産業2	X_{21}	X_{22}	F_2	X_2
付加価値	V_1	V_2		
購入構成からみた生産	X_1	X_2	一致！	

図12-1　産業連関分析とは，各産業の持ちつ持たれつ関係を表すもの

4　レオンチェフの功績とは？

レオンチェフは、各産業の最終需要（最終消費者の需要）が発生したときに、各産業がお互い複雑に入り組んだ関係にあることを考慮に入れて、その総合的な生産量をもとめることに成功しました。それは、どのように考えたのでしょうか？

①　いま産業連関表がわかっているとします。その行をあらわしたものが、図12-2の(1)です。

②　そこで、常識的に自然と考えられる「比例性の仮定」というものをたてました。

それは、生産量が二倍になれば、自然な状態（生産技術の構造が一定とみなせる短期の場合）には、必要な投入の原材料も二倍になるというものです。この仮定があると、

「x_{ij}は、X_jに比例する」

ということなので、この比例係数をa_{ij}とし投入係数と呼びます。すると、

$$x_{ij}=a_{ij}\times X_j$$

となり、図12-1(2)のように、投入係数行列をAとすると、中間販路（需要）部分は行列AXであらわされてしまいます。

③　このことは問題を非常に簡単化します。中間需要部分が、生産額であらわされてしまうので、図12-2の(3)のように、生産Xと最終需要Fの直接対応がつき、生産Xを最終需要から計算することが、

（1）産業連関式（連関表の行を見る）

$X_1 = x_{11} + x_{12} + F_1$　（産業1の販路構成）

$X_2 = x_{21} + x_{22} + F_2$　（産業2の販路構成）

（2）比例性（投入係数）の仮定

＝「生産額が2倍になれば、原材料も2倍になること」

（この比例係数を投入係数といいます）

$x_{11} = a_{11} X_1$，$x_{12} = a_{12} X_2$

$x_{21} = a_{21} X_1$，$x_{22} = a_{22} X_2$

（3）産業連関表の行列表現

産業ｉの中間販路（需要）部分＝$\vec{a_i}\,\vec{X}$　　$\vec{a_i} = (a_{i1},\ a_{i2})$

$X_i = \vec{a_i}\,\vec{X} + F_i$（産業ｉの販路の行列表現）

$\vec{X} = A\vec{X} + \vec{F}$

（中間需要部分が生産額であらわされる）

（4）レオンチェフ方程式

$\vec{X} = (1-A)^{-1}\vec{F}$

図12-2　レオンチェフ，生産を最終需要から求めることに成功

$$X = (1-A)^{-1}F = BF$$

（$B \equiv (1-A)^{-1}$：レオンチェフの逆行列）

と可能になるのです。これをレオンチェフの方程式といい、レオンチェフの功績なのです。

このレオンチェフ方程式は非常に重要な意味をもっています。それは、

$$(1-A)^{-1} = 1 + A + A^2 + A^3 + \cdots$$

とあらわせますので、右辺が、

$$X = F + AF + A^2F + A^3F + \cdots$$

となり、これは、最終需要F、最終需要Fが一次的に発生させた中間需要、最終需要Fが二次的に発生させた中間需要……などの効果をすべて足し合わせたものが総生産額をあらわしていることになるからです。

5　生産誘発係数

「レオンチェフの逆行列$B \equiv (1-A)^{-1}$の$i \cdot j$成分（b_{ij}）」

は、「産業jへの最終需要が一単位増加したときに、産業iに誘発される生産額」をあらわしています。これを比率化したものを生産誘発係数といいます。これこそ、経済波及効果をあらわすものにほかなりません。これが産業連関表から求められるということなのです。

6　地域産業連関分析の場合

地域経済の場合は、一国経済と異なり一般に（貿易を除いても）開放系です。ですから、ある県、市区町村などの地域において、つねに漏れを考慮しなければなりません。

輸移入率＝m　→輸移入率を対角線にならべた輸移入行列＝M

自給率行列＝1－M≡Γ

とすると、地域経済の場合、地域内で需要が発生しても、他の地域外から購入することがありますので、その分地域内需要が漏れます。漏れを除いた分は、1－Mとなり、これが本当に地域にフィードバックされる有効分ですので、これを自給率行列とするわけです。

そうすると、レオンチェフ方程式で、

$$A \to \Gamma A$$

と置き換えなければなりません。したがって、方程式は、

$$X = B'F$$

ここで、Bは、地域レオンチェフ逆行列 $(1-\Gamma A)^{-1}=B'$ に置き換わります。地域経済の場合の生産誘発係数は、このB′からもとめる必要があります。

注

（1）生産額に対する中間投入額の割合。

（2）最終需要一単位の増加がもたらす経済全体の生産増の割合。

（3）サービス業やイベントなどの効果は、「直接効果」と「産業内における間接効果（一次効果）」の他、「その所得増が一旦家計におよび、再び所得を増やす二次効果」まで含めて「経済波及効果」とするのが一般的です。例としては、前川（二〇〇七）などを参照。

参考文献

前川知史（二〇〇七）「ロボカップ二〇〇五の経済効果の測定」『創造都市研究』第三巻第一号。

経済産業省（二〇〇五）「平成一六年度大学発ベンチャーに関する基礎調査」（速報）。

経済産業省近畿経済産業局（二〇〇五）「近畿地域における大学発ベンチャーの経済波及効果～平成一二年近畿地域産業連関表の分析～」『パワフルかんさい』六月号。

（武田至弘・小長谷一之）

13章 平野のまちづくり——町ぐるみ博物館

1 平野の歴史

大阪市南東部の平野区の中心は平野郷といわれ、非常に古い歴史をもち、第二次世界大戦の戦火も免れた歴史的街区です。「平野」の発祥は、実に平安時代、有名な征夷大将軍であった坂上田村麿の次男、廣野麿が摂津国領主となった（広い野原が訛って「平野」）時にさかのぼるといわれています（坂上家から「平野七名家」がうまれました）。

戦国時代、交通の要衝として発展していた平野は、独立していた七つの集落《しゅうらく》が結束して堅固な郷となり「環濠自治都市」平野郷を形成します。当時の町政は、七名家の惣年寄を中心に、惣会所が郷全体を支配していました。堺とともに織田信長の直轄地となった後、七名家の一つ末吉家は、豊臣秀吉や徳川家康から朱印状を与えられ、朱印船貿易で巨万の富を得た大商人となり、そこで得られた富で自治都市としてのまちづくりが進められます。

大坂夏の陣の戦火をうけますが、江戸時代に再興され、旧大和川の付け替え工事以降は、その立地の利点があったため、綿作や繰綿の集散地としてまた大繁栄し、多くの歴史的町家が存続し、近代に至る歴史をもっているのです。

2　平野の町づくりを考える会の結成

一九八〇年、地下鉄谷町線の開通にともない、市民の足としてチンチン電車と親しまれていた南海平野線が廃止され施設は壊されることになり、これに対し八角形の南海平野駅舎を残そうという再生運動がおこります。

後述するキーパーソンのＫ氏などの住民の一部は、長年、風雪に耐えてきた歴史の生き証人である駅舎を保存し、まちの資料館として活かそうと考え、「平野のへそがなくなる」というポスターを沿線各所で自主的に配布しました。この住民運動がきっかけで「平野の町づくりを考える会（以下会と略す）」が結成されたのです。

駅舎保存は結局かないませんでしたが、会は、地元の歴史や文化を見直し、個性ある住みよいまちづくりを続けようと継続し、住職のＫ氏は同窓生のＫｏ氏（新聞店主）らと寺の本堂ですき焼きパーティー等をおこないながら、今後の活動を語り合いました。Ｋ氏とＫｏ氏が、大学教授のＳ氏から平野郷地区の古い写真をできだけ多く集めることだと教えられ、地区内を一軒一軒まわったり、また、会員の郷土史家であるＭｕ氏から自分たちの育った平野郷の歴史や文化を改めて知ることになります。一九八三年、会は、多くの住民に古い写真を提供してもらいながら、歴史的景観を守る「景観協約運動」としての署名活動をおこない、住民に地元の良さをもっと知ってもらうための「町めぐりツアー」もおこないました。一九八六年には大学教授のＮ氏とともにまち並みの総合調査をおこない、研究レポートを作成してもらい、自分たちは井の中の蛙であったと感じたそうです。

平野のまちづくりの中心人物である全興寺住職のＫ氏によれば、会の組織については「会長なし・会則なし・会費なし」の三原則で、最初から現在まで、行政などとの距離を置き、大きな組織にも属さず、補助金ももらわずやってきたことが誇りだそうです。活動の理念は「おもろいことをいいかげんにやる」をモットーに、自分たちが本当に興味を持って取り組めるテーマを厳選し、ひとりひとりが持続可能なエネルギー配分で取り組めるようお互い心がけているとのことです。

3　町ぐるみ博物館

大学教授のＮ氏によれば「平野郷はまちそのものが博物館である」とのことでした。そこでＫ氏は、「町づくりを考える会」で、民間施設である個人の商店や住宅を無料開放して博物館とするまち並み保存を提案しました。「町ぐるみ博物館」とは、「町家や店の一軒一軒が、それぞれ館長を出し、それぞれの展示物を用意し、そのまま博物館になる試み」なのです。町ぐるみ博物館では、点在している個々の歴史建造物を博物館とみなして、それぞれを連携させネットワークを構成することにより、まち全体を博物館とよびます。このように点在する拠点を連携しネットワークを構成することにより、まち並み保全型まちづくりの新たな拠点となり、新たな創造的なまちづくり（創造都市）が期待できるのです。

会は、勉強会を開催し、地区内を回り、博物館の依頼をおこないました。ついに、一九九三年、町ぐるみ博物館は七館でオープンしました。当初の七館は、Ｋ氏が個人的に集めていたおもちゃを展示した「駄菓子屋博物館」、Ｋｏ氏の新聞販売店の「新聞屋さん博物館」、Ｍ氏の「平野映像資料館」、大念佛寺の数々の幽霊の掛け軸を見せる「幽霊博物館」などでした。

町ぐるみ博物館は、施設や展示物を整備するというより、商家・社寺問わず基本的に一館一館が個人で展開、住民が館主になり、訪問者とのふれあいを通じて住民自身が楽しみながら地域の再発見をして、地域への愛着を深めることを目指しているものです。現在常設館は約一五館（表13-1）で、一部を除き開館日は原則毎月第四日曜日です（二〇〇八年三月、町家博物館・民俗資料館は閉館、新たに二館オープン予定）。開館日は博物館によって異なりますが、年一回八月の第四日曜日は、お宝発見スペシャル町ぐるみ博芸・博物館となり、常設博物館以外に特別展示館を含め、約四〇館になります。

一九九九年には特別に、七月二三日（金）から三日連続で一〇〇館オープンしました。当時はカラーマップを作成したため、一枚一〇〇円で販売し、二七〇〇部売れました。家族連れが一枚購入したとして約四〇〇〇人程度の来館者だったそうです。

二〇〇七年八月二六日（日）の開館は四〇館でした。館主の多くは、ポスターなどで募集します。開館した館主には翌年はがきでまた募集案内を送るそうです。

このように、従来のまちおこしは行政が建物を建てるが、平野の会は、民間のため個人から出発し、月に一回、全館無料、補助なしなのです。最初から総会もなく、事務局がおこなったのはマップ作成のみで、会員がデザインし、駅にも置きません。最寄り駅にも案内、看板、コースがないから見学者は迷い、結果的には探すために地元の人との会話がおこる……この観光化していないところも特徴で、訪問者の中には、「東京のお江戸博物館より面白い」という人がいたということです。

博物館を月に一回でも公開するのは大変な上、無料であるから収入にもならない。利益が目的だと続けられない。しんどくなったらやめる……ええかげんにやるのが会のモットーなのです。どの館主も自身が楽しみながら運営しています。町ぐるみ博物館の最大の特徴は、訪れた人が館主とのコミュニケーションから気さくで温もりのあるまちの雰囲気を満喫してもらうことで、博物館の一つひとつは小さいが、巡り歩くとまちの歴史と面影が残っていて、まちそのものが博物館という魅力を漂わせています。このように、K氏のアイデアで始まった町ぐるみ博物館

表13-1　平野町ぐるみ博物館，商店街，HOPE役員 それぞれのメンバーシップ

番号	駅保存	初期7館	現在40館	商店街	HOPE役員	開催形態	名　称	会場ないし従前の形態
1	○	○	○		○	常設	鎮守の森博物館	神社
2	○		○			常設	へっついさん博物館	食堂
3			○			年1回	落語・笑福亭仁福	食堂
4		○	○			常設	くらしの博物館	大手飲食
5			○			常設	自転車屋さん博物館	自転車店
6			○			年1回	あそび博物館	幼稚園
7			○			常設	ゆうびん局博物館	郵便局
8			○			常設	珈琲屋さん博物館	喫茶店
9			○			年1回	わたの博物館	大念佛寺
10		○	○			常設	幽霊博物館	大念佛寺
11			○			年1回	土人形たちの語るもの	大念佛寺
12	○	○	○		◎	常設	平野映像資料館	呉服悉皆店
						月1回	生活道具博物館	呉服悉皆店
13			○		◎	常設	町家博物館	住宅
14			○	○		年1回	あめ博物館	飴店
15			○	○		常設	和菓子屋さん博物館	和菓子店
16			○	○		年1回	大きいスポーツ品	スポーツ店
17			○	○		年1回	魚やさん博物館	魚店
18			○	○		年1回	夏祭りこへい博物館	商事会社
19			○	○		年1回	だんじりグッズ博物館	呉服店
20			○	○		年1回	出前朝日号外博物館	新聞販売店
21			○			年1回	バイゴマ選手権	全興寺
22			○			年1回	洋菓子屋さん博物館	全興寺
23	○	○	○		○	常設	駄菓子屋さん博物館	全興寺
24			○			年1回	針金生き物博物館Ⅱ	全興寺
25			○			年1回	平野の下手なブルース	全興寺
23	○		○		○	年1回	街頭紙芝居	全興寺
						年1回	チンチン電車館	全興寺
						年1回	活動大写真	全興寺
26			○			年1回	オカリナ演奏	全興寺
23	○		○		○	年1回	昔あそび博物館	全興寺

27	○	○	○	○		常設	新聞屋さん博物館	新聞販売店
28			○	○		年1回	銘仙の魅力展Ⅱ	精肉店
29			○	○		年1回	矢立博物館	洋装品店
30			○			年1回	石博物館	住宅
23	○		○		○	常設	パズル博物館	全興寺
31			○			年1回	平野ダッシュ村	小学校
32			○			年1回	消防博物館	消防署
33			○	○		年1回	トンボ玉博物館	工房
34			○			年1回	京都あめ細工	全興寺
35					○			
36					○			
37					○			
38					○			
39					○			
40					○			
41					○			
42					○			
43					○			
44					○			
45					○			
46					○			
47					○			
48					○			
49					○			
50					○			
51					○			
52					○			
53					○			
54					○			
55					○			
56					○			
57					○			
58					○			
59					○			
60					○			

は、各館主が楽しみながら、頑張りすぎず、現在あるものを生かしてお金をかけずに知恵をしぼる。このソーシャル・キャピタルの「互酬性」こそ、町づくりを考える会がサスティナブルな要因なのです。

4　平野郷ＨＯＰＥゾーン協議会

大阪市のＨＯＰＥ事業とは、市内において歴史的まち並みや景観などの地域の特性を活かし、魅力ある住宅地の形成を図る施策の一つとして進めている事業です。国土交通省の補助制度である「街並み環境整備事業」を活用し、特色ある居住環境を形成すべきゾーンを設定し、地域住民と協力しながら、アメニティ豊かな住宅・住環境の形成と誘導を図るものです。特に大阪市では、一九九六年に歴史・文化的雰囲気を残す地域として「平野郷地区」を選定し、事業化に向けて現況調査や整備方針の検討、地域住民の意向把握などをおこない、一九九九年から二〇〇八年を実施期間としています。事業は、地区の協議会に対して助成をおこない、建物の修景基準に適合する工事に対してその工事費の一部に補助をおこなうものです。実際には住民が参加しその意見を代表する「地元協議会（ＨＯＰＥゾーン協議会、以下協議会とする）」が一九九九年に設立され、住民と行政が連携して、建物や門・塀などの改修や新築についての「まち並みガイドライン」を定め、これに沿った建物などの改修工事費の一部に補助をおこなうとともに、道路・公園などの公共施設の修景整備をおこないます。

平野では、行政や専門家が主導でなく、自分たちでアンケート・写真取材などおこない、一年がかりで二〇〇〇年に「まち並みガイドライン」をつくりました。同年、修復のモデルとしてまず和菓子屋の老舗「亀の饅頭」を改修し、その後も建物修景は継続しました。また、平野らしい「祭りちょうちんが似合うまち並み」づくりをめざして勉強会や広報活動をおこなってきています。

二〇〇六年、地区内に一二階建てマンションが建設されたのをきっかけに、協議会で勉強会を開催し、同年一〇月に都市計画法による高さ規制の「地区計画」の試案をまとめました。試案を地区内の約五〇〇〇世帯に配布し、アンケートを実施した結果、八四〇人から回答があり、賛成八三三人、反対七人だったので、同年一一月、協議会は大阪市に「地区計画」決定の要望を提出しました。二〇〇七年二月、大阪市都市計画審議会、大阪市議会でも条例案は可決され、条例が制定、公布されました。「地区計画」は、対象地区は八〇ヘクタールで、町並みを急激な変化から守るために、建築物の最高限度を「高さ二二メートル（大念佛寺の屋根に相当）、地階を除く階数が七階以下」とします。良好な市街地環境を確保する用途制限では、パチンコ店、風俗店などの制限も決定しました。このような住民主導の試みは全国でも稀で、全国から見学が相次いでいます。

5　平野郷のまちづくりにおけるソーシャル・キャピタルの構造

平野郷には、「町ぐるみ博物館」を中心とした「平野の町づくりを考える会」「町内会」「商店街」「HOPE協議会」などの組織があります。図13‐1が示すように「平野の町づくりを考える会」「HOPE協議会」の組織は参加が自由で、雇用契約や契約関係はなく、活動に積極的にするかということは、個人の自由です。

二〇〇七年八月に開催された町ぐるみ博物館のメンバーが表13‐1・図13‐1です。これは、「町ぐるみ博物館（平野の町づくりを考える会）」のメンバーと、「商店街」のメンバー、「HOPE協議会」の役員メンバーを表示したものです。

全部で六〇名のうち、「町ぐるみ博物館」関係の中心人物が一三で、初期の七館をつくったコアメンバーのうち、今残っている六館のオーナーが、一三（住職）、一（神社）、四（大手飲食店）、一〇（寺院）、一一（映像館・後のHOP

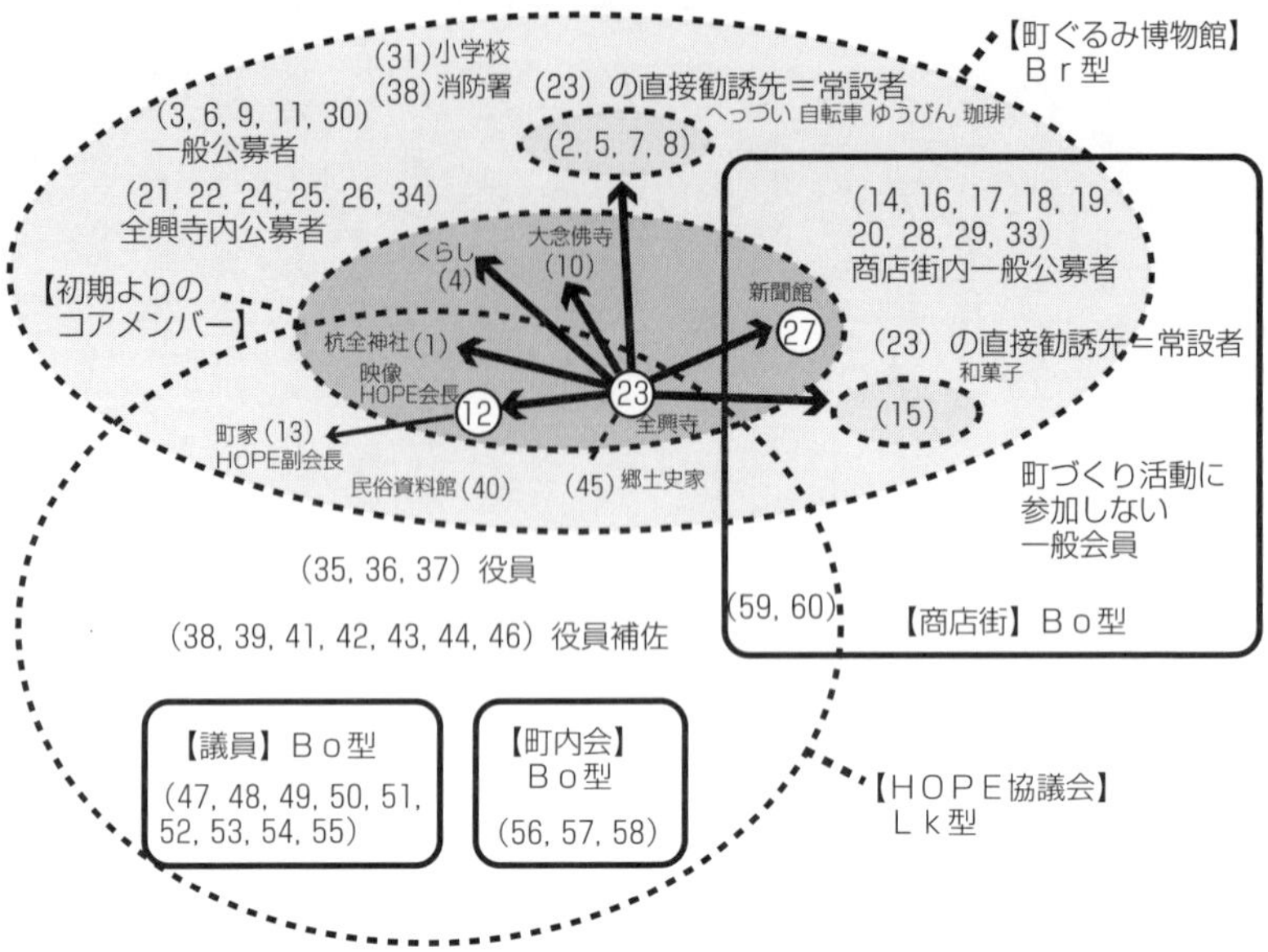

図13－1　平野のまちづくりにおけるソーシャル・キャピタルの構造

出所）乾（2008）を加筆.

E会長)、二七(新聞館)です。

商店街に属するメンバーで、直接勧誘を受けた一五(和菓子)が常設館となっています。

また、商店街に属さないが、直接勧誘を受けた二(へっつい)、五(自転車)、七(ゆうびん)、八(珈琲)も常設館になっています。

これらに、HOPE副会長の一三(町家)、四○(民俗資料館)、四五(郷土史家)までを含めたものが、「町ぐるみ博物館(平野の町づくりを考える会)」のなかで二三に近い(常設館などの運営)メンバーといえます。

こうした関係を、第5章のソーシャル・キャピタル論で説明してみましょう。

平野では、もともと、結束(Bo)型のソーシャル・キャピタルは、「商店街」、「町内会」、「地元議員さん」などでした。

そこに、橋渡し(Br)型のソーシャル・キャピタルである「町ぐるみ博物館(平野の町づくりを考える会)」と、連携(Lk)型のソーシャル・キャピタルである「ＨＯＰＥ協議会」が重なり、成長していったわけです。

これをみると、一九九三年の初期七館オープン時のメンバーの中には、商店街店主である人や、後にＨＯＰＥ協議会役員になる人がいたことがわかります。七館オープン時のメンバーの多くは、駅舎保全運動に参加していた中核的メンバーでもあります。

二七（新聞）、一五（和菓子）などは、「町ぐるみ博物館」と「商店街」を結ぶ、キーパーソンであり、ブリッジです。

二三（住職）、一（神社）、一二（映像、ＨＯＰＥ会長）、一三（町家、ＨＯＰＥ副会長）、四〇（民俗資料館）、四五（郷土史家）などは、「町ぐるみ博物館」と「ＨＯＰＥ協議会」を結ぶ、キーパーソンであり、ブリッジです。

それゆえ、ソーシャル・キャピタル論・社会ネットワーク論からみると、これらの人たちは重要な役割を果たしているといえます。

町ぐるみ博物館は、幼稚園・小学校・消防署・郵便局・寺・神社・商店・住宅など異なる組織間における異質な人々や組織を結びつけるネットワークといえます。町ぐるみ博物館を中心とした「平野の町づくりを考える会」は、橋渡し（Ｂｒ）型ソーシャル・キャピタルといえます。「町ぐるみ博物館」は町内会・商店街に影響を与えただけでなく、他の組織もこれに触発されて活動を続けてきました。

「ＨＯＰＥゾーン協議会」は、住民の意見を行政に伝え、行政は協議会が効果的に活動できるよう支援をおこなっているものなので連携（Ｌｋ）型ソーシャル・キャピタルといえます。

平野郷における結束（Ｂｏ）型に基づくネットワークは、確固たる歴史と伝統があります。地域の相互扶助組織があり、助け合いの精神があったのです。しかし、新しいアイデアを活かす必要があるということで、橋渡し（Ｂｒ）型が成長したのです。しかし、橋渡し（Ｂｒ）型が成長するためには、結束（Ｂｏ）型で培われたソーシャル・

キャピタルも意味があったのです。Ｂｏ型でも、異質なメンバーを歓迎し、新規の情報や資源を取り込むことで、ネットワーク自体を活性化させる必要があります。それには橋渡し（Ｂｒ）型の機能の追加が求められているのではないでしょうか。

（乾幸司）

参考文献

塩沢由典・小長谷一之編（二〇〇七）『創造都市への戦略』晃洋書房。

高見沢実編（二〇〇六）『都市計画の理論――系譜と課題』学芸出版社。

平野郷ＨＯＰＥゾーン協議会（一九九九―二〇〇七）『平野郷ＨＯＰＥゾーン事業協議会ＮＥＷＳ』各号。

平野郷ＨＯＰＥゾーン協議会（二〇〇六）『平野郷の町家』。

平野区誌編集委員（二〇〇五）『平野区誌』。

平野の町づくりを考える会（二〇〇七）『平野町ぐるみ博物館――ガイドマップ』。

平野区役所（一九九五）『平野区まちづくりアンケート』。

平野区役所（二〇〇七）『平野区観光ガイド』。

14章　日本橋——創造商店街へ

商店街の再生が叫ばれて久しいが、なかなかモデルが無いのが現状ではないでしょうか。

また、まちづくり三法改正後、商店街ではますます「まちづくり」の要素が必要になっていますが、なかなか思うようにはいかないようです。

特に、衰退の激しい近隣型商店街だけでなく、専門商店街もいろいろな課題をかかえています。筆者のかかわる日本橋商店街では、専門店街としての大きな変化を経験しながら、いろいろなプロジェクトをおこなってきました。

ここでは、こうした日本橋の経験をもとに、創造都市を視野に入れながら、創造的機能をもった「創造商店街」こそ、これからの商店街・まちづくりの発展にもとめられるのではないかという問題提起をおこないます。

1　日本橋の変遷

日本橋商店街は、古書街→パーツ街→家電街→パソコン街と変遷し、現在はサブカルチャーのまちとなってきています。

(1) **戦前**：現在日本橋商店街と呼ばれている地域は、戦前には様々な店舗が立ち並ぶ商店街であり、当時の業種の主流をなしていたのが古着屋や古本屋でした。

表 14－1　日本橋筋商店街の店舗構成変化

業　種	1994年	2006年	増減数	変化率(%)
総合家電（カメラ含む）	54	25	−29	−53.7
PC 関連（ソフト・パーツ含む）	33	14	−19	−57.6
音響関連	11	9	−2	−18.2
車搭載機器	2	2	0	0
携帯電話	0	9	9	
照明機器	9	3	−6	−66.7
電材・部品	15	11	−4	−26.7
工　具	7	6	−1	−14.3
無　線	3	4	1	33.3
サブカルチャー（ビデオ・CD・DVD）	10	23	13	130.0
サブカルチャー（ゲーム関連）	2	4	2	100.0
サブカルチャー（ホビー関連）	1	12	11	1,100.0
サブカルチャー（書籍・コミック）	0	6	6	
飲　食	9	19	10	111.1
その他	26	30	4	15.4

(2)　終戦直後：終戦直後（一九四五―一九五五年）には、ラジオ部品のパーツ屋が軒を並べるようになります。当時、電気製品はすべて自前で組み立てる時代でした。さらにテレビ、パソコンも自分で組み立てることもあり、日本橋は、本来、部品を調達し、自分でつくるのが好きな、創造的な人々のまちであったといえます。

(3)　家電（発展期）：一九五五年ごろより電気洗濯機の普及により第一次家電ブームが起き、一九五九年ごろより白黒テレビ、一九六七年ごろよりカラーテレビが商品化されると、日本橋も家電の街として隆盛を極めました。この期が、家電の街としての日本橋「でんでんタウン」がもっとも賑わった時期です。

(4)　パソコン・ワープロ（成熟期）：一九九〇年代に入ると、パソコンの普及により新しい企業の進出が見受けられるようになり、一九九五年の「ウィンドウズ」の発売によるソフト開発やハードの一般化により、日本橋はパソコン一色となります。この時期から「おたく」の街とも呼ばれるようになり、二〇〇〇年以降数年の間、パソコンは最盛期を迎えます。パソコンショップには専門性があるため、家電店のような絶対的な減少は無いようですが、ある程度の規模の企業に集約されてきているようです。

(5)　二〇〇〇年からの変革期——サブカルチャーブーム：しかし、二〇〇一年のヨドバシカメラのオープンや郊外の大型店の開店により、家電のみに頼れなくなった商店街には、新しい動きが見られるようになります。それが「若者文化のまち」としての顔をもった商店街への変化です。サブカルチャーのブームは、もともと一九九〇年代中期ごろより、①マンガを主流とする書店の出現、②コミックのアニメ（動画化）やビデオ屋の出現、③ゲームソフト屋の出現があり、二〇〇〇年代に入りこれにつづいて、④ホビー関連、その主人公をモデルとしたフィギュアなどをあつかう店舗、⑤喫茶系（メイド、アニメ、漫画）などの増えた状態が現在の日本橋です。もちろん、すべてがサブカルチャー関連ではなく、現在でも、家電量販店・パソコンショップ・オーディオ店等々、でんでんタウンとしての日本橋商店街も存在し併存する状況です。

しかし、単なる「サブカルチャー」「おたく」のまちへという変化を受動的に受け入れるだけでなく、若者が注目しているというパワーをうまくとらえて、よりクリエイティブな、より高度なブランドを目指すことが大切と思われます。

日本橋には、組織として「日本橋筋商店街振興組合」「でんでんダウン協栄会」、および、その両者で捉えきることのできない事業の受け皿としての「日本橋まちづくり振興株式会社（以下まち会社と略す）」があります。筆者は、主としてまち会社とともにいろいろなプロジェクトに携わってきました。つぎに、代表的な三つのプロジェクトを紹介しましょう。

2　電子工作教室――「学習する創造商店街」

(1)　日本橋の新しい発展としての工作教室の必要性

日本橋にはいわゆる「技（わざ）」をもつ人がいて、パーツや教材になるキットの材料もあります。そこで、商店街の活性化企画のひとつとして筆者らのグループで立ち上げたのが工作教室でした。二〇〇〇年ごろから、パーツ屋である共立電子のSo氏が音頭とりとなり、当事理事長でもあり戦後すぐパーツで大きくなったニノミヤ（当時）の社長のN氏と共同で、電子工作教室案を、商店街の理事会に提案しました。担当の実務者としては、共立電子とニノミヤの両店より社員が一人ずつ出され、商店街側としては立ち上げる人間は筆者がいいだろうということになり、筆者が校長となりました。

(2)　事業概要

開催場所は、大阪市浪速区日本橋四―五―一九　ホリノビル三〇二号室にある日本橋筋商店街振興組合事務所で、ここで電子工作教室・ロボット教室を開催するものです。商店街からみた目的としては、「教育・人づくり事業との連携による将来の客作り」です。

(3)　経緯――ロボット導入前（二〇〇二年まで）

「商店街の教室を作る」といっても手探りでした。二〇〇二年の最初は、近隣の日東小学校にいき、指導要領を見せてもらい、先生の話を聞いてカリキュラム作りの参考とし、教材は、キットに工夫したものをいくつも開発、器材はメーカーさんの協賛を得てネジまわし・ペンチ等を集めました。二〇〇二年四月から五月にかけて、近隣の日東・日本橋・恵美小学校で練習を兼ねた教室を開催。以後、商店街事務所で月一回の割合で開催。広報としては、新聞の取材を受けたり、売り出し広告につけるなどをおこないましたが、一番効果があったのは「朝日小学生新聞」でした。一回ごとに子ども三〇―五〇名程度と保護者で事務所は満杯になりました。新聞で企画を募集すると応募者多数になり、二回にわけたりせざるを得ないほど人気となりました。六年目の二〇〇七年までに百数十回開催しており、参加者は近畿の各地におよび、子どもや親まで合わせると数千人にのぼっています。

(4) 経緯――ロボット導入以後（二〇〇二年八月以降）

二〇〇二年の八月から、電子工作だけでなく、新しくできたロボット教室も開催することになります。雑誌の「ロボコンマガジン」に連続掲載のため、あたらしいカリキュラムも編成しました。依頼されて出前教室もおこない、河内長野の千早小学校や串本の小学校まで出前をしたこともあります。ロボット人気に合わせて、各種イベントが活発に催されるようになり、関西空港開港一〇周年記念・愛知万博・エキスポ・百貨店等、各種イベントに参加してきました。長期にわたる活動を続けると新しい動きもあらわれ、「日本橋発明倶楽部（発明協会の下部団体、会長は商店街の理事長兼務）」や「日本橋ロボット倶楽部」や「ロボットファクトリー（ロボット専門店）」の設立、「ロボカップ」への参加（生徒が優勝）など新しい展開がおこりました。もの作りを教えることは、形式的な活動だけでなく、それによって、子ども自身にも人間的成長が見られ、教える講師の側にも大きな変化が現れたことが収穫でした。

(5)　工作教室の成果の総括

ここで、工作教室活動の意義と効果について考えてみます。工作教室とは、商店街が出来る社会への還元活動といえます。教育と商店街は相容れない訳ではないが、一見ミスマッチのようにみえる。しかし、商店街に教育機能を入れていくことが、「創造商店街」といえるのではないでしょうか。商店街行事として、宣伝のためのイベントとして教室が開かれることは他の商店街でもありうるかもしれませんが、日本橋の工作教室のように、街の取り組みとして恒常的に予算を計上し人も配置する仕組みは、全国的にも珍しい試みであると思われます。

(6)　教室活動における新米講師の学習発展過程――「学習する創造商店街」

講師を務めているメンバー二名は、もともと、O氏はパーツ部材を扱う店の社員、Y氏は量販店のパーツ売り場の店長で、彼らがゼロから教室運営にあたりました。当初、売る立場でなく、教える立場でじかに子ども達とつきあうのは、彼らにとってはじめての経験でした。しかし、教室を開く毎に、子どもの心を捉まえるようになり、教師も成長がみられ、いまや有名な大阪のロボットドクターとなっています。発明協会等の団体との協力関係も生まれました。街が人を育てたり、人によって街が育てられるという、相互作用（インタラクティブな）現象こそ、街づくり本来のある姿であると考えます。こうした「学習する商店街」という側面は「創造商店街」にとって不可欠の要素でしょう。

3　日本橋ストリートフェスタ――「参加型の創造商店街」

(1)　ストリートフェスタの経緯

日本橋で歩行者天国（略して、歩行天、ほこてん）をやりたいというアイデアは一〇年以上前から出ていました。それを二〇〇三年ごろより、筆者やまち会社の役員でもあるＳｏ氏や、ジョーシンのＤ氏などが、具体化に向けて動き出し、Ｓｏ氏＋Ｎ氏を軸として検討し、実現までには紆余曲折がありましたが、二〇〇五年三月二〇日(日)に第一回の開催となりました。

(2)　日本橋ストリートフェスタの事業概要

会場は、高速恵美須入り口から日本橋三丁目南交差点までの堺筋六一五メートルの歩行者天国で、これまで、二〇〇五年、二〇〇六年、二〇〇七年にわたり毎年三月に、日本橋ストリートフェスタが開催されました。内容は、セレモニーから始まり、ディズニーのキャラクター、えびすさんの宝恵駕籠、ロボット、メイドさんやアニメのコスチュームを着た人達が、パレードをおこなうものです。関連事業としては、沿道店舗を使ったイベントとして、同時に、ロボット大会、電子工作教室、ライブステージ（空き地）、コスチュームチャレンジ（観客が着る）等をおこないます。

参加者は当初一〇万人と予想していましたが、それを上回り、二〇〇五年に一三万人、二〇〇六年に一五万四〇〇〇人、二〇〇七年に一八万人とますます増加し数的には大成功でした。日本橋健在を更にアピールできました。

収入としては、協栄会＋商店街および大阪市の補助が半々です。また、他にメーカーがライブ等の企画を、現物支

写真14－1　日本橋ストリートフェスタ

給で拠出しました。歌手の協力もあり、広告効果は高いと思います。

(3) 先進性——「参加型の創造商店街」

フェスタは、衰退気味の商店街の起爆剤として位置づけられ、フェスタの実現にむかい、商店街が行政にお伺いをたて行動したものです。ところが、最大の発見は、フェスタ会場の堺筋で最も目立った人々が、アニメやコスプレの衣装をまとった若者であったということでした。中には、九州・四国等から駆けつけた人達もおり、フェスタはかれらの表現の場となったのです。旧来の商店主らは、イベント開催の意図ではないこうした新しい展開に驚かされました。街（市場）の決定権はユーザ・消費者（市場）にあるということで、このフェスタによって街が変わったのです。「家電の街」から、「パソコンの街」、そして今回主流となった「サブカルチャーの街」へとジャンルが拡大したのです。従来のような祭りをしていれば、これほどの集客はできなかったのではないでしょうか。

このようにフェスタの特色は、〝参加型イベント〟であったということです。パレードを、指定された観客席からながめる〝御堂筋パレード〟に典型的にみられるような観覧型でなく、パレードしている人たちと来街者が一体となって融合する状況が出現するのです。特に、コスプレパレードでは、いわゆる〝おたく〟が参加したり、観客を構成し、活躍しました。参加型フェスタとして、工作教室も同時に開かれ、二回目では〝アニメ製作教室〟もＤＯＧＡと商店街とのタイアップによって開講され、コスプレを着るコーナーも設けられました。さらに、他の商店街との連携もあり、二回目は、一回目につづき「道具屋筋商店街」による〝よさこいソーラン踊り〟などが参加し、新しく新世界フェスティバルゲートのＮＰＯによるコンテンポラリーダンスの参加など外部団体との連携も生まれました。

結論としては、日本橋ストリートフェスタの独創性は、ローコストで来街者の満足度を高めることができていることです。〝日本橋の商店街はたのしい、おもしろい〟と日本橋に行ってみたくなり、その結果商店街が潤い、活気がでて納税収入も増加して、大阪が発展する。このようなｗｉｎ－ｗｉｎの関係を作ることが大事であると考えられます。

御堂筋パレードも二〇〇七年度から参加型を目指すようになりましたが、日本橋ストリートフェスタの方が、この点から先進的であるといえます。この参加型という特性が、創造商店街に不可欠の要素と考えられます。

4　ＣＧアニメ村――「新産業を生む創造商店街」

(1) 主　体

ＣＧアニメ村という組織があるわけではないのですが、「まち会社」が、事実上のプロジェクト機関となって、ビルを借り家賃を一部援助してＣＧアニメのベンチャーを集積させるのです。運営・企画は、商店街常務理事の筆者と、ビデオ販売・特撮映画作成・劇場運営の多角的経営をしているジャングルインディペンデントシアターのＳｉ氏、および、大学発ベンチャーのＣＧアニメ会社プロジェクトチームＤＯＧＡのＫ氏です。ＤＯＧＡは、阪大コンピュータクラブ、京大マイコンクラブを母体に、ＣＧアニメという新しい分野の技術の振興を目的とした大学発ベンチャーです。

(2) ＣＧアニメ村開村経緯

ＤＯＧＡが、当時入居していた大阪市のインキュベータ（ベンチャーのビル）の「メビック扇町」より退室の期限

写真14－2　CGアニメ村の例（DOGA）

がせまっており、引越し先を探す必要に迫られていたので、筆者らがＤＯＧＡを日本橋に呼んだのがきっかけです。当時のＤＯＧＡの移転先として日本橋とした理由をK氏が語っています。「……なぜ日本橋なのか？　日本橋は、ＣＧアニメのターゲット市場そのものであり、最新の流行をいち早く体感することができる街である。電気の街である日本橋は、最新のデジタル商品や様々なパソコン関連商品などが、いちはやくかつ安く購入できる。ＣＧアニメ制作に不可欠な関連資料をいち早く、簡単に調達することができる。ホビー・サブカルチャーやデジタルコンテンツなどに関する情報がいち早くキャッチできる街であり、他よりも早いビジネス展開が可能である……」。

場所の条件として、日本橋地域であり、法人・個人を問わず何軒か関連のベンチャー・クリエータが入居できるほどの空間があること、家賃はあまり高くないこと、そんな物件探しをおこないました。最終的には、商店街のメンバーの一人である、振興組合・協栄会に属している電器屋のオーナーT氏の物件（浪速区日本橋西二―五―一　ったやビル）に決まりました。

(3)　ＣＧアニメ村発進

このように、まち会社が地元Tから借り受けたビルの三―五階部分の計約三〇〇平方メートルをオーナーから借り受け、ＣＧ関係の会社に、相場の半額程度で貸すシステムが成立しました。いわゆるＳＯＨＯ型のインキュベータです。レンタルオフィスは最初六室でしたが、K氏の「ドーガ」とS・i氏の「ウェスト・パワー」で二室を使い、残りの四室を公募としました。フロアの共有部分には商談スペースがあり、CGアニメ関連企業とクリエータが入居し、アニメ村事務局も設置しました。改修費は、まち会社が立て替え、CGベンチャーからの賃料で払っていく計画です。

(4) CGアニメ村の今後の展開

①意味づけ――「集積」「SOHO」「アントレ」:アニメ村設立の意義は、経済的な原理としては〝集積の利益〟が働くことを目指したものといえます。すなわち、起業家同士のコラボレーション、情報の共有等を期待する良い環境をつくり出そうということから、産業集積論の「ミリュー論(環境論)」の効果ということでしょう。具体的な形式としては、SOHO(スモールオフィス・ホームオフィス)の利用であり、アントレプレナーの育成といえます。今後、村が活動してゆくには、入居社(者)たちが自立して経済活動をおこなうと同時に、一人ではこなせないが、受注のためのブランドとして日本橋アニメ村が受注できるシステム(ワンストップシステム)作りも必要になってくるでしょう。

②仕事受注と発展をどうするのか?――組織整備、商店街内における村の意義と位置づけ:今後の目標としては、〈村が受注者となり、村で製作、できれば販売までのルート作り〉ができれば村づくりとしての意義がおおいに高められることは確かです。

5 創造商店街のモデル

これらの事例をくわしくみてみると、「電子工作教室」の例からは「学習」、「日本橋ストリートフェスタ」の例からは「参加型」、「CGアニメ村」の例からは「新産業創造」などの側面が指摘できます。

このような事例を基に、今後の商店街のあり方として、「創造商店街モデル」が提案できると思われます。創造商店街とは、

(1)「変化・進化の存在する街」（常に変化する街、停滞が無く活動しつづけて生きている街であること。さらにダイナミックな対応能力も有している）。

(2)「参加機能のある街」（日本橋ストリートフェスタに見られるように、街の内外の人々が街をつくる。その力の源泉は、人々の趣味への関心である。趣味人が街を変えていく）。

(3)「学習機能のある街」（工作教室・ロボット教室・アニメ教室と幾つかの学習型参加イベントをつくりあげてきた。ヒトを育てて、ヒトに育てられる街でもある）。

(4)「産業がある街」（従来の流通だけではない、産業がある街であることも重要である。嘗てはラジオ・テレビを製作し部品調達の場でもあった。CGアニメ村の開村は、アニメ産業を日本橋から起こす助けになればと開村したものである）。

(5)「消費と生産が共存・混在する街」（多様性を持つ街であることも重要。さまざまな要素が組み合わされている複合体としての街でもある）。

などの側面をもった、常に成長する街のことと思われます。

（佐々木義之）

15章 クリエイティブな商業とまちづくり――ミナミ・堀江・中崎町

1 なぜクリエイティブな商業がこれからの都市にとって重要なのか

本書のマーケティングの章では、まちづくりにおいて、①差別化、②対顧客マーケティング、③「ソーシャル・キャピタル」「イノベーション」「互酬性（win―win関係の構築）」の三つの観点が重要だということが指摘されています。

ところで、都市でもっとも古い産業、しかも集客する産業は商業です。創造都市は、創造的まちづくりによって、そこに住み働く人の創造性を活かして活性化するまちですので、創造的商業の果たす役割は大変重要です。前章で創造商店街のモデルを出しましたが、ここでは、上記のようなマーケティング論の立場からも原則にかなっている例をみて、創造的な商業とはなにかを考えてみましょう。

2 ミナミ

上記のように、創造的なマーケティングのためには、①「差別化原則」から地域の個性を出すことが重要ですが、

写真15－1　戎橋「いちびり庵」本店

独りよがりではダメで、②顧客の愛してくれるセンスの良いものが大事だ、ということがありました。

これを大阪に当てはめるとどうなるのでしょうか。「大阪らしさ」を主張する人は多いのですが、それが、消費者の気に入る、かわいいもの、楽しいものにセンスよくまとめられてデザイン化されるのは意外に難しいものです。

ここで、ミナミの有名な大阪観光みやげ専門店「いちびり庵」の当主N氏による大阪グッズ販売の店の例をあげてみましょう（いちびりとは、お調子ものの様子のこと）。

「いちびり庵」の運営者「本家せのや」は老舗で、一六世紀末（秀吉の大阪城築城）ごろ、初代S氏により、大阪の二つ井戸にて紙問屋として設立されました。

明治になり、現在の戎橋にて欧米文具の店を開きます。戦後、同地にて「せのや文具店」として復興。昭和三〇年代より、ルームアクセサリー、工芸品、進物品の取り扱いを開始し、一九五九年に現在の店舗ビルを新築します。現在のせのやは、一九七四年、店舗を全面改装し、ファンシー・バラエティショップに業態転換し法人化したものです。一九七七年現社長N氏が社長に就任し、二〇〇二年「なにわ名物・いちびり庵」として本店改装し、その他同名店舗がアメリカ村、天保山など六つも展開されました。年商は七億五〇〇〇万円、従業員三五名（パート含む）となっています。

N氏は、一九四八年大阪府の生まれで、精華小学校、南中学、夕陽丘高校、早稲田大学を卒業した心斎橋＝道頓堀のキーマンです。N氏の活躍は、大阪名物観光みやげ専門店「いちびり庵」経営、なにわ新名物の企画開発、小売、卸売り、都市型集客産業ビジネスの企画開発、コンサルティングなど、多岐にわたっています。

とくに、「いちびり庵」（本店は〒五四二―〇〇七六　大阪市中央区難波一―七―二）は、グリコのでかい看板で有名な戎橋から戎橋商店街を南に向かって五〇メートルの右手に立地、なにわ名物開発考社ののぼりと、成瀬国晴さんの広大な大阪名物イラストが目印です。

新なにわ名物（食品・雑貨）、大阪名産品、ファッション雑貨、ファンシーグッズ、ステーショナリー、菓子、キャラクターグッズ、キーホルダー、アクセサリー、駄菓子、衣料、懐かしの玩具などを販売しています。

例として、「たこ焼きようかん」「粉もん三姉妹」「なにわ野菜のベジタブルカレーせんべい」「御堂筋のいちょうパイ」「おおさかおみくじキャンディ」「大阪ワンダフル缶たまごボーロ」などの駄菓子、「大阪弁ライター」「大阪弁プチタオル」「大阪弁わんこTシャツ」「大阪おみくじ綿棒」「なにわの商人鑑」などの大阪精神グッズ、「たこ焼きライダー」「たこ焼きチョロQ」「たこ焼き肩たたき」「ビリケンライター」「ビリケンビッグバンク（貯金箱）」「じゃりン子チエ・キーホールダー」などの大阪キャラグッズ……おもろくて、かわいいもばかりなので、若い女性や外国人観光客にもうけています。

二階には大阪関連の本が読み放題のカフェもあり、ゆっくりとくつろげます。

3　堀　江

堀江は、「昔ながらの古い家具問屋街」から、「ファッション店・創作雑貨店・デザイン性の高い家具店・カフェ等の集積する新しい商業集積」に転換したまちとして有名です。

吉川（二〇〇八）の研究によれば、堀江の立花通（通称オレンジストリート）の変化は、二〇〇〇年に四軒だったファッション店が、二〇〇二年には二五軒と、実に、たった二年の間に二一軒が開店するという本当に劇的なスピードでおこったことがわかりました。

このような急速なまちの変化はどのようにしておこったのでしょうか？

一九八〇年代までの家具店は、ブライダル需要の箱物家具でやっていけたのです。また、一九八〇年代後半のバブル経済時にはホテルや商業施設の新規需要があり、店売りは少なく、多くは外販で充分仕事になっていた店も多かったのです。

ところが、一九八〇年代後半からライフスタイルの変化で主力箱物家具（箪笥）が売れなくなりました。このようにして「立花通り商店街」は、かつての栄光の影もなく「一時間に通るのは人ひとりと犬一匹」のゴーストタウンとなりました（(財)大阪都市協会二〇〇四）。

そこで、バブル崩壊後一九九〇年頃に、「お店」（「立花通り商店街」）の販売をどうにかしないといけないと、家具屋の親連中の集まり「立花通り家具秀撰会《しゅうせんかい》」が家具屋の二代目青年会に対して提言し、これをうけて、青年会による「立花通り活性化委員会」が一九九一年に設立されました。

「立花通り活性化委員会」は、まず、商店街への人集めの手だてとして、アメリカ村から若者を堀江オレンジストリートへ如何に引き込むかをテーマとし、一九九二年一二月から月一回「フリーマーケット」を開催し成功します。そして、各店のオーナーからアメリカ村、南船場四丁目の次は、堀江が若者の注目スポットになるとの予想から〝堀江に店を出したい〟という声が少しずつ上がってきたのです。

次に、短期間に変化を成し遂げた大きな要因は、強力な核店舗の出店です。一九九九年、堀江オレンジストリートへ最初にファッション店が出店したのは、フランス発の国際若者ブランドの「APC（アーペーセー）」でした。

そして、予想通りの宣伝効果で集客と販売の成功を納めます。これに追随して、二番手三番手の出店がはじまったのです。

一般に、商店街店主の代替わりは街の再生以前に難しい問題であることが多いのです。しかし、「立花通り商店街」の二代目への継承は非常にスムーズにおこなわれました。それは、上記のように、先代が小売をすでにメインにしていなかったということもあったのです。

このように、商店街の転換の見事な例として有名な堀江の成功要因は、世代間交代がスムーズにおこなわれた、地元の良好なソーシャル・キャピタルがあげられると思われます。

4　中崎町

この堀江、アメリカ村、南船場のように、大阪において旧来の多くの商店街とはやや別に、若者に支持され活況を呈している街区は、鶴坂貴恵（二〇〇三）以降「新しい街」と呼ばれることがあります。鶴坂によれば、「新しい街」では、①若者を中心とするこだわりの店舗の集積、②新しいネットワークの形成、によって商業集積として新陳代謝がおこり、それがまちの活力になっているとされています。

そのような「新しい街」の第二世代として、中崎町があります。中崎町は、西日本最大の商業集積である梅田駅前から東に一〇分ほど歩いたところにある、戦災を逃れた数少ない地域であり、そのため都心にも関わらず古い住宅がそのまま残っている地域です。

この中崎町において、町屋の改装により一九九七年にギャラリー「楽の虫」が、また一九九九年にアトリエ兼カフェ「創徳庵」が開業しました。これを契機に、その後半年ほどで若者たちが同様に古民家を改装し様々な店舗が開業しはじめたのです。

二〇〇一年には両店のオーナーは共同で「中崎町アートフェア」を開催し、中崎町におけるカフェやギャラリーとの連携をはかります。また同じ年に、パフォーマーであるN氏が「天人」を開業します（図15-1(a)）。

こうした一連の動きがマスコミの目に留まり、様々な報道されたことから、中崎町は一躍、若者の街として注目を浴びるようになりました。

図15-1(b)のように、二一世紀に入り数年で、カフェや雑貨店などが多数出店し、まちが変わりつつあります。その後出店した中崎町のランドマークとしては、「R café」と「コモンカフェ」の二店舗があります。「R café」は近畿大学と大阪市立大学の学生らが卒業制作のために長屋を改装した二〇〇三年にオープンしたカフェ兼ギャラリーです（当時の学生の一人が大学卒業後も店舗を引き継いでいます）。「コモンカフェ」は「扇町ミュージアムスクエア」に携わっていたY氏が主体となっているカフェで、芸術・文化とのコラボレーションと飲食業へのインキュベーションを目的に二〇〇四年にオープンしたものです。日替わりのマスターによって運営されているカフェです。

この数年、中崎町はさまざまな雑誌やメディアで取り上げられ注目されていますが、これを一過性のブームで終わらせないということもふくめ、店及び町の活性化を目的におこなわれているイベントが「ナカザキチョウ蚤の市」です。アイデアはもともと「楽の虫」のオーナーが発案したものですが、二〇〇七年四月からは、当初から実際のマネジメントをしていた「花音」のオーナーが事実上の主催者となっています。

具体的には、毎月第一日曜日に、参加店舗が、各店舗前に共通のポスター・看板を設置し、その日限定の何らかのアクション（例えば、オリジナル商品を販売したり、あるいはミニシアターの開催をおこなったり）をするものです。

第一回目は二〇〇六年二月に、オリジナルメンバーである「楽の虫」「チャイクラブ」「花音」の経営者が分担して、主に自店舗周辺の店舗経営者に参加店舗を募集し、十数店舗で開催されました。「蚤の市」の知名度や人気が高まるに連れて参加店舗も増え二〇〇七年現在は二九店舗（内二五店舗が女性経営者、圧倒的に女性経営者が多い）に

(a) 2001年

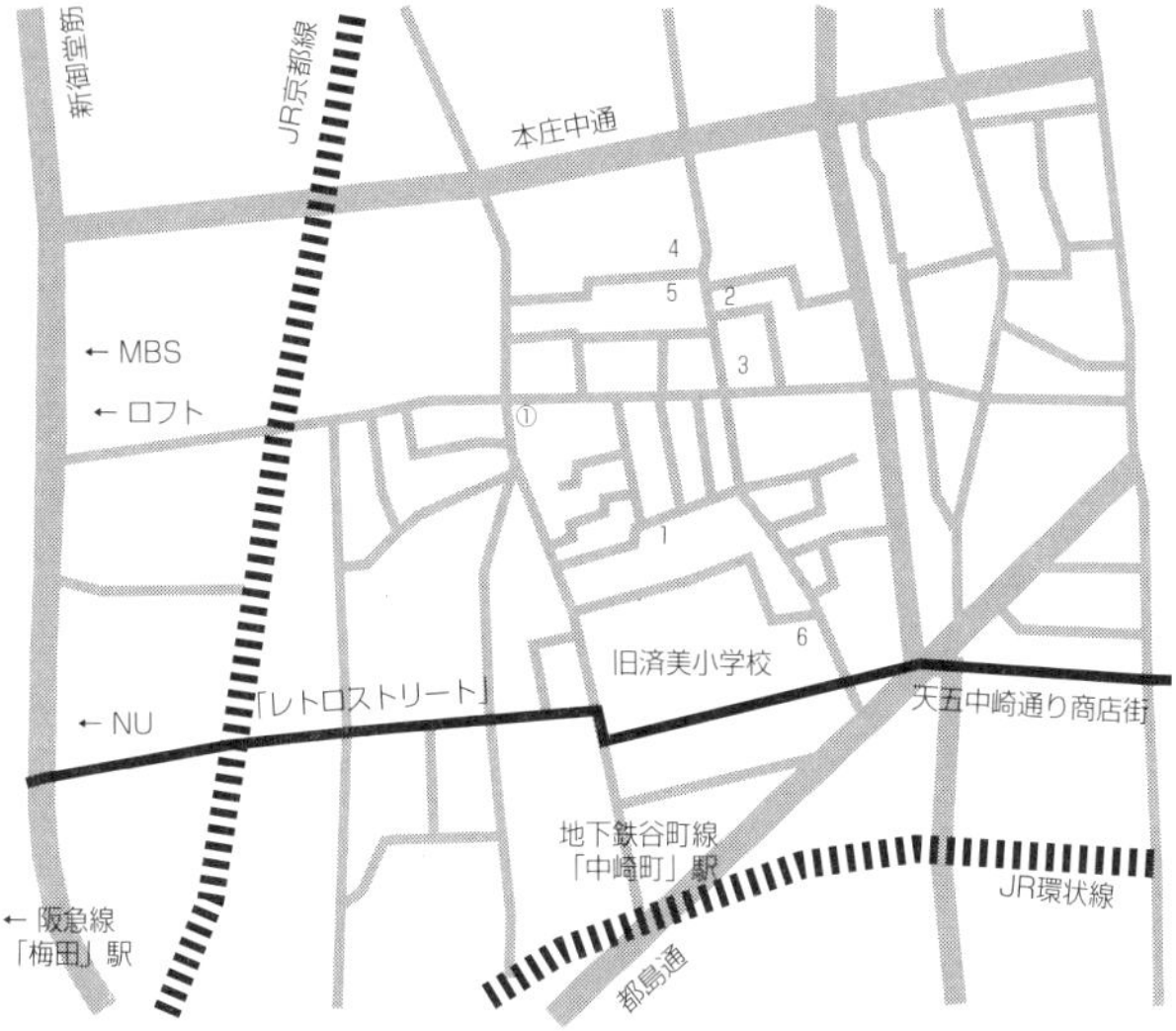

[中崎町蚤の市参加店舗]
①ギャラリー楽の虫

[それ以外の店舗]
1　天人
2　ヌックツアー
3　カヌトン
4　創徳庵
5　MAEDA CRAFT
6　サクラビル

(b) 2006年

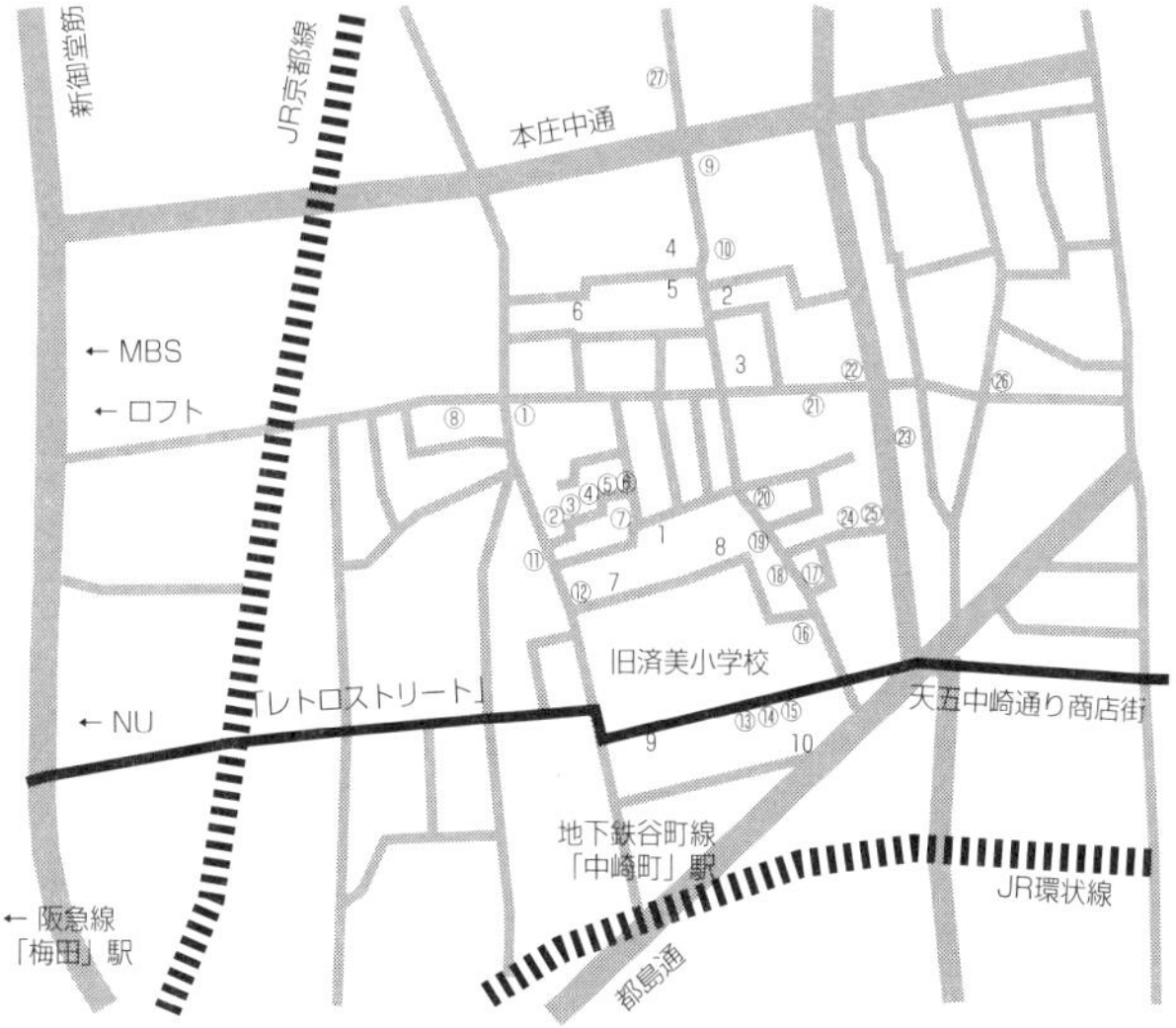

[中崎町蚤の市参加店舗]
①ギャラリー楽の虫
②nino
③花音（主催者）
④Kocoro
⑤Cous Cous
⑥蝉丸
⑦シノワズリーモダン
⑧パレットキャット
⑨アェル・クッカ
⑩香月
⑪花庵
⑫ひより
⑬チドリ
⑭アンダンテ
⑮Poupee
⑯サクラビル（Adequate，彩珈桜ギャラリー，きだおれや）
⑰cocoa
⑱パラボラ
⑲はっか
⑳ゴハンヤ・カフェ・キッチン
㉑チャイクラブ
㉒エッジ
㉓太陽の塔
㉔ワンプラスワン・ギャラリー
㉕ジャムポット
㉖Cocoro
㉗DEMOKURA

[それ以外の店舗]
1　天人
2　ヌックツアー
3　カヌトン
4　創徳庵
5　MAEDA CRAFT
6　R CAFE
7　アキズ・ショップ
8　ワヲン
9　マイドリーム館
10　コモンカフェ

図15－1　中崎町の店舗変化

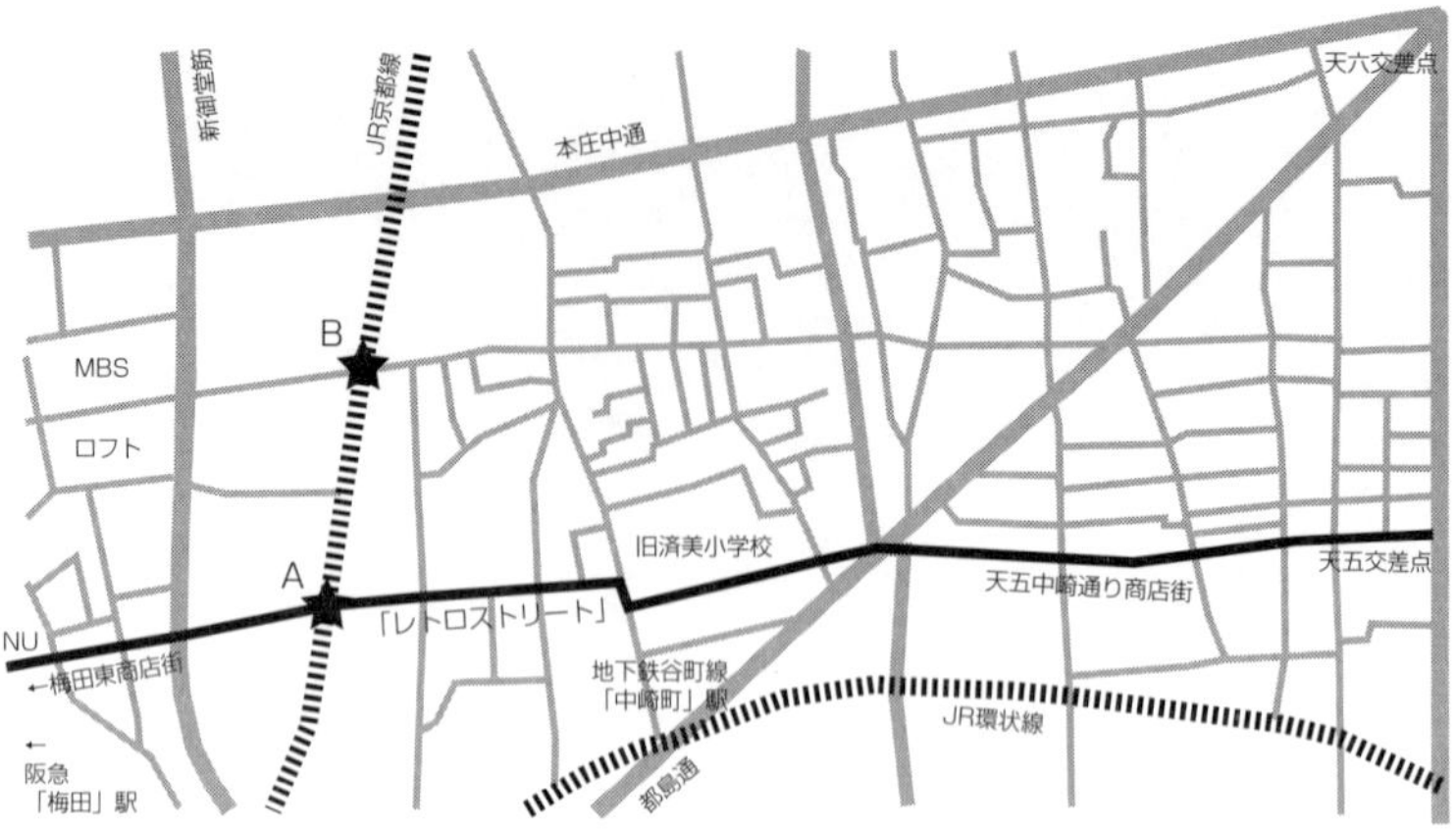

図15－2　梅田東・中崎町・北天満地区と「レトロストリート」

も上っています。

運営上の工夫について、「花音」の経営者は、「お客様や店、みんなが楽しめて得ができる。常に飽きさせない新しいイベント企画ができるように工夫しています。また、蚤の市マップを作ったのもひとつの工夫です」と回答しています。

開催にあたっては、「永続的であること」「第一日曜日の定期開催」の二項目を決定し、参加者の負担が軽く長続き出来る方法として、白黒版であったがマップも作成しました。目印のポスターも第一回目から使用しています。

マップ作りにも工夫が施されています。参加店舗はなかなか宣伝に経費をかけることが出来ません。そこで、こうした店舗にとって負担が少ない仕組みが考えだされました。各店舗の経営者が自ら紹介文書き、写真二枚とともに「花音」店主に提出する。「花音」店主が友人のイラストレイターにマップとしてのデザインを依頼し最小ロットの一万部を印刷しました。これを当時の参加店舗二六で頭割りし、一部一〇円で販売しています。

迷宮のような路地のまち中崎町（図15-1）を訪れる人々にとって最大の問題は、「どこに、どの様な店舗が有るか分からない」という点です。「蚤の市マップ」はこうした問題を解消し、なおかつマップ製作を通じて参加店舗の緩やかな連帯も生まれています。こうした連帯は、参加店舗同士でお互いに買い物をしたり、飲食をしたりという形で広がっています。

ナカザキチョウ蚤の市に関する情報交換は、現在では主に「ミクシー（m・i・x・i）」のサイトを利用しておこなわれており、活発な意見交換などもおこなっています。

ところで、こうした大阪駅の周辺地域は、二〇一一年の駅地域再開発までに環境が大きく変わることが予想されます。そこで、上記のように、個性的な商店の集積が始まり、人の流れができつつあるが、閑静な住宅地との混在地域である中崎を、人の流れを誘導して「文化の香り高いまち」として整備するとともに、静かな環境を維持することも大切と考え、(財)大阪市北区商業活性化協会／地域開発協議会では大阪市立大学の創造都市研究科とともにプロジェクト（レトロストリート構想）をスタートさせました。

これは、梅田駅から中崎・北天満に抜けるJRガード下の道は、図15-2のA、Bのように二カ所のみであることから、Aの道＝「NUちゃやまち↓ガード↓済美小学校・中崎町駅↓中崎・黒崎商店街↓天神橋筋に抜ける道」を「レトロストリート」として位置づけ、その現況を調査して、地域の住宅環境と新しい店との関係を調査・研究し、秩序だった「文化の香り高いまち」としての地域整備と活性化のための方向性を探ることにしているものです。

注

中崎町などキタの問題については、塩沢・小長谷編（二〇〇七）『創造都市への戦略』の山納、管原、上田、山田、上船、野中らの各論文を参照のこと。

参考文献

石原武政他（二〇〇〇）『商業学』（有斐閣Sシリーズ）有斐閣。

石原武政（二〇〇六）『小売業の外部性とまちづくり』有斐閣。

小長谷一之・牛場智（二〇〇七）「特集：元気な商店街——大阪周辺の元気な商店街」『月刊地理』五二巻一一月号。

（財）大阪都市協会（二〇〇四）「「堀江ブランド」で共存共栄、堀江ユニオン」『大阪人』六月号。

（財）大阪都市協会（二〇〇六）「中崎町——中崎西・浮田・黒崎町・浪花町を歩く」『大阪人』一二月号。

鶴坂貴恵（二〇〇三）「商業集積地活性化の意義」『商業集積の活力についての調査報告書』産開研資料八〇号、大阪府立産業開発研究所。

宗田好史（二〇〇七）『中心市街地の創造力』学芸出版社。

吉川浩「都市再生における小売商業の変動メカニズムと「ファッション化」現象」（大阪市立大学大学院創造都市研究科修士論文）。

いちびり庵ウェブサイト：http://www.ichibirian.net/

レトロストリートウェブサイト：http://www.retrostreet.jp/

（木沢誠名・牛場智・吉川浩）

16章 ミナミ・ホイール（MINAMI WHEEL）

1　ミナミ・ホイール（MINAMI WHEEL）とは？

ミナミ・ホイール（MINAMI WHEEL）とは、大阪・ミナミ（北：鰻谷、南：道頓堀川、東：東心斎橋、西：南堀江の範囲。難波は含まれない）一帯のライブハウスを会場とし、一〇月の週末（金・土・日）三日間に、三〇〇以上のアーティストが、各ライブハウスにわかれ、同時にライブをおこなうというショーケース型のライブイベントです。

主催はFM８０２です。同局は、府県域がエリアの民放FMであり、関西地区で常にトップの聴取率を得ている元気な放送局です。

2　関西独自の情報発信FM８０２

FM８０２は一九八九年の開局。開局した当時、大阪のFM局といえばNHKとFM大阪しかなく、いずれも東京からのネット放送が主流でした。一九八〇年代、各都市にメディアが必要という国の規制緩和（ニューメディア政策）をうけ、地域に根ざした放送局を作ろうということで大阪商工会議所がまとめ役となり開局されたものです。

ＦＭ局ということで、ステレオ放送という特徴を活かし（当時ＡＭはモノラル放送）、「①音楽中心」「②基本的に番組は自社製作」「③ターゲットは一六歳から三四歳」とのコンセプトをとり、当時主流だった「百貨店型放送局」ではなく「セレクトショップ型放送局」を目指しました。

当時、コンサートといえば、ミュージシャンがＣＤを売るための宣伝のひとつに過ぎなかった時代です。ＦＭ８０２でも、当初、コンサートに「主催」の名前を貸していただけでしたが、「企画から含めてイベントを作っていったらどうか」という声が上がり、開局三年目ぐらいから街頭でライブをおこない生放送するということを始めました（最初は本町の伊藤忠ビルだったそうです）。

3　世界のインディーズ音楽のお祭りを学ぶ

その頃アメリカでは、ニューヨークで「ニューミュージックセミナー」というクラブ系音楽の世界的イベントがあり、そこからマドンナなどが注目を浴び、参加した日本のバンド「少年ナイフ」や「ボアダムス」などが世界的に高い評価を受けていました。

これに少し遅れますが一九八七年、「Ｓ×ＳＷ（サウス・バイ・サウスウエスト：南南西に進路をとれという意味）」というイベントがテキサス州オースティンではじまり、ニューミュージックセミナーが終了となった後を受けた形で、世界的な「ショーケース型イベント」として注目されるようになります。オースティンは人口五〇万人のうち一二万人が学生という若者のまちでもあり、「音楽都市宣言」をしている南部では文化的なまちです。「Ｓ×ＳＷ」は、狭い地域にイベントを集中させ、パスをもらって見回るというシステムで、約三〇〇メートルの通りをはさんで軒を連ねる大小五〇以上のライブハウスで、世界中から集まった一五〇〇組以上が演奏をおこないます。コンベンシヨンセンターには、ありとあらゆる新人バンドのブースがたち、Ｔシャツや、ＣＤなどを販売。また、二〇〇五年からはＪＥＴＲＯ（日本貿易振興機構）も、中小企業等の輸出支援（日本のブランド力発信と海外市場展開支援）ということでブースの出展やＣＤつき小冊子の制作・配布をおこなっています。「Ｓ×ＳＷ」は現在、「ＭＩＤＥＭ（仏・カンヌ）」、「ＰＯＰＫＯＭＭ（独・ベルリン）」と並び世界三大国際音楽産業見本市のひとつとなっています。

オースティンに視察に行ったＦＭ８０２のＫさんたちは、その熱気に心打たれ、日本でも年間二〇〇以上の新人ミュージシャンがデビューしていることから、この「Ｓ×ＳＷ」のようなショーケースイベントを大阪で開催することも可能ではと「ミナミ・ホイール」を企画、一九九九年に手探りでスタートさせました。

4　ミナミ・ホイール発進

ミナミ・ホイールの出演アーティストは、各レコード会社、音楽事務所、イベンター、出版社、レコード店、ライブハウスなどが今後プッシュしていきたいアーティストを推薦、また業界関係者のみに絞った公募もおこなわれます。

開催当日の運営スタッフは、８０２サイドはディレクター一名＋デスク二名のみ。会場ごとに事務局構成団体の中のイベント会社が担当し、会場運営の責任を持ちます。また、協賛の音楽専門学校の生徒の研修をかねたボランティアスタッフも配置されます。煩雑になりそうな当日のイベント運営ですが、全体のミーティングでの共通ルールの確認などを徹底することにより、トラブルも無く運営されています。共通ルールは各アーティストの持ち時間、会場の機材の統一、配布物の禁止などから、各会場に配られる備品（パスの数やパンフレットの数など）まで事細かに統一されます。

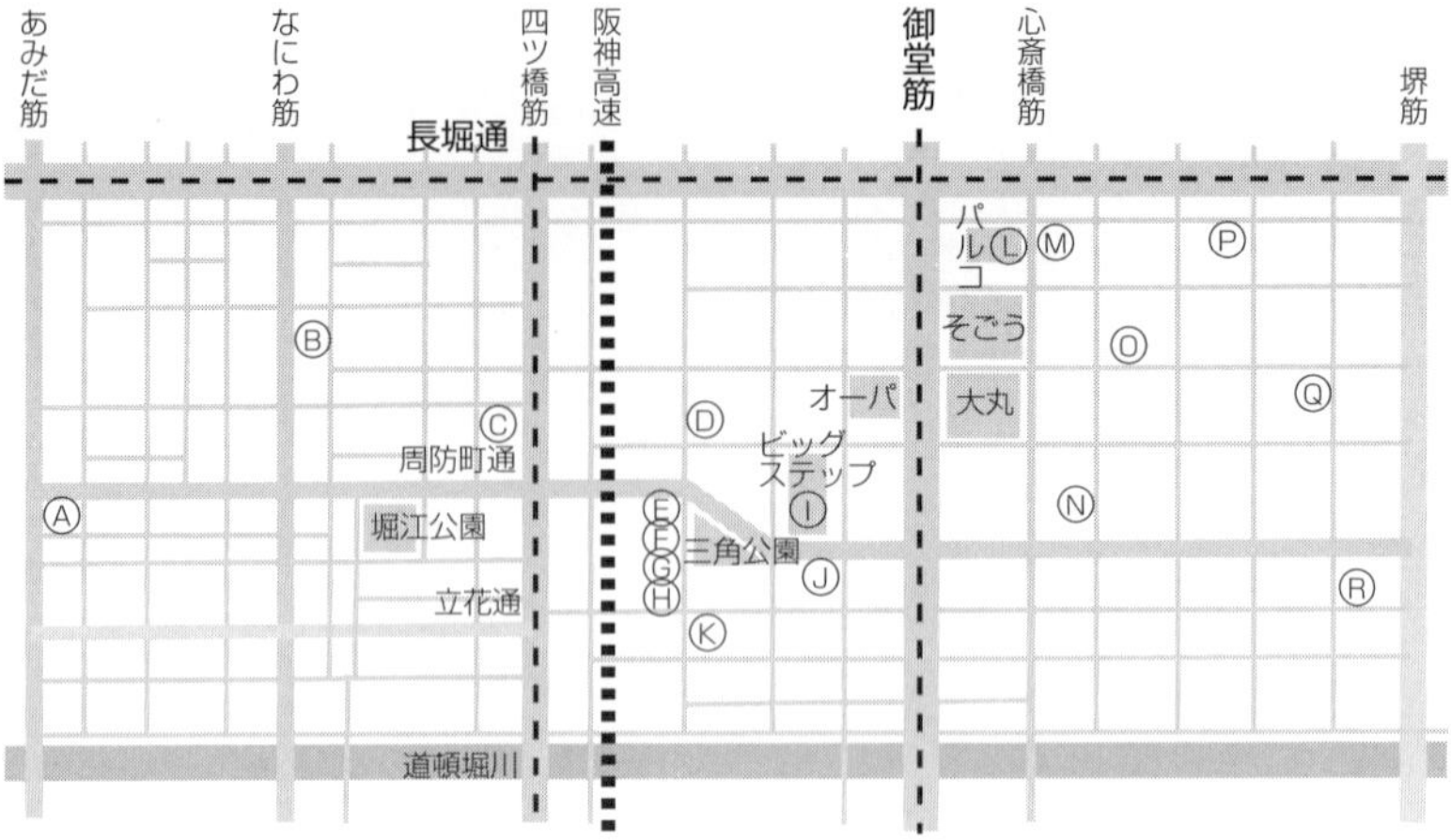

Ⓐ knave
Ⓑ club vijon
Ⓒ hills パン工場
Ⓓ AtlantiQs
Ⓔ TRIANGLE
Ⓕ KINGCOBRA
Ⓖ DROP
Ⓗ americamura FANJ twice
Ⓘ BIGCAT
Ⓙ americamura CLAPPER
Ⓚ SUN HALL
Ⓛ club QUATTRO
Ⓜ shinsaibashi RUIDO
Ⓝ OSAKA MUSE
Ⓞ club ☆ jungle
Ⓟ unagidani sunsui
Ⓠ shinsaibashi FANJ
Ⓡ THE LIVE HOUSE soma

図16－1　ミナミ・ホイール地図（2007年10月26日―28日）

注）アルファベットは，当日会場となる各ライブハウス群.
出所）パンフレットをもとに筆者作成.

写真16－1　ミナミ・ホイール当日（2007年度）

当日、お客さんは、パスポートチケットを持てば、ミナミの全会場とも、何度でも自由に行き来し楽しめるシステムとなっています。

この「どこでも見られるチケット」＝パスをつけたところが良かったのです。ショーケースイベントとして大成功となります（当時東京でも似たものがありましたが、プロのみのものでした）。

ミナミ・ホイールは、このようにして一九九九年に七カ所での開催から始まり、二〇〇六年には一五カ所以上で開催され、二四〇以上のバンド・アーティストが参加しました。

二〇〇七年度は一〇月二六日―二八日の三日間に開催。会場も、大阪ミナミ地域のクラブ・ライブハウスでこれまで最高の一八カ所、出演アーティストも三〇〇組以上に拡大、観客動員数は二万人に上りました（図16-1）。

二〇〇七年を例にとると、主催はＦＭ８０２／MINAMI WHEEL 2007事務局（事務局構成団体は、ＦＭ８０２、京阪神エルマガジン、ぴあ関西版、H.I.P. 大阪、大阪ウドー音楽事務所、キョードー大阪、GREENS CORPORATION、サウンドクリエーター、スマッシュウエスト、ソーゴー大阪、夢番地）、後援は、ぴあ関西版、Ｌマガジン、スペースシャワーＴＶ、S×SW ASIA, JUNGLE★LIFE、特別協賛は、パナソニック　オキシライド乾電池、協賛はキャットミュージックカレッジ専門学校、JOYSOUND です。チケット代は三日間通し券六三〇〇円、金曜一日券二六二五円、土曜・日曜一日券二九四〇円です。

5　その後の広がり

ミナミ・ホイールの成功に倣い、全国各地でも、類似の回遊型音楽イベントが開催されるようになってきました。

札幌では、「札幌が音楽の街になる」をキーワードに観光客が減る時期に行政も巻き込んで音楽とＩＴ産業の

「MIX」という見本市イベントを開催しましたが、あまりに規模が大きすぎて、今のところ二〇〇〇年と二〇〇二年の二回限りです。

名古屋では、名古屋市栄地域のライブハウスで二日間開催するショーケースイベント「zipFM SAKAE SPRING」を二〇〇六年から開いています。昨年度は二日間で三〇〇〇人を動員しました。

九州では、「ミュージックシティ天神」を二〇〇二年から開いています。これは、福岡市と天神の事業者（運輸交通・商業施設）、そして地元・福岡のメディア各社によって組織された「ミュージックシティ天神実行委員会」が主催で、「音楽産業都市・福岡」をめざし、ライブハウスだけではなく、街角でのフリーコンサートなどもおこなわれているものです。

ミナミ・ホイールは、発祥の地のミナミ自身でも、いろいろな展開を刺激しています。ＦＭ８０２がミナミ地域でおこなってきたイベントは、当初、ミナミ・ホイールのみでしたが、その後、「Minami Go! Round!」という統一テーマの下、音楽以外のアートにも目をむけ、より広い範囲の若者を巻き込んだムーブメントが創り出されています。

「MINAMI ART WALK」は、ミナミのギャラリー三〇カ所で同時開催されるアートイベントです。作品はもとより、今まで知らなかったアートスポットの発見にもつながるものです

「CLUB CIRCUIT」は、ミナミのCLUB一二カ所で、ミナミ・ホイール日程とあわせ同時開催されてきましたが、二〇〇七年からは独立イベント「MINAMI GROOVE」に拡大しました。

「OSAKA FASHION FESTIVAL」は、ミナミエリアを皮切りに（一部ミナミ地域以外でも開催）、大阪のトレンドスポット四カ所を横断するサーキット型ファンションショーです。次代のファッション界をリードする若き才能の大阪からの発信を目指します。

6　ミナミ・ホイールの与えたもの

ミナミ・ホイールがミナミの街に与えた影響は大きく、このイベントが始まって以降、大阪のライブハウスの出店はミナミ地域に集中するという結果ももたらしました。ミナミ地域のライブハウス（ジャズクラブなどを除く）は一九九九年七店舗から二〇〇七年には二一店舗に増加しています（筆者調べ）。音楽業界的にすべての機能が集中している東京においても、徒歩で回れる範囲に二〇以上のライブハウスが集積している街は無く、そういった意味でも、ミナミ・ホイールは、日本中どこにも無い「音楽の街＝ミナミ」を創り出したといえます。

ミナミ・ホイールの期間中は、ミナミの街に音楽ファンのみならず、レコードメーカー・音楽事務所・イベンターの新人発掘担当者など、全国の音楽関係者が一堂に会し情報交換がおこなわれます。期間中は首からパスをぶら下げた若者がミナミの街を縦横無尽に歩き（走り）まわることにより、それがひとつのブランドと化すと同時に、イベントを知らない人への広告塔の役割も果たしました。その結果、当初傍観していた周辺の飲食・物販店舗からも注目が集まり、自然発生的に、パスを持っているお客さんへの割引をおこなう店舗も現れ、イベントやアーティストが街に溶け込んでいくきっかけともなっています。

ミナミ・ホイールはミナミ地域のライブハウスに新しいお客さんを呼び込むことにも成功しているようです。ミナミ・ホイールの影響としていくつかの当該ライブハウスにヒアリングしたところ、「新しいお客さんが増えた」「知らなかったお客さんにライブハウスの場所などを知ってもらえた」「ライブといえばアメリカ村（ミナミ）というイメージができた」「ライブハウスが増えた」「アーティストがミナミ・ホイールに出演したいと集まるようになった」「街がフェスティバルとして盛り上がる」「東京の目が大阪に向くようになった」「ミナミ・ホイールに出ることが関西では最大のプロモーションになる」「若いミュージシャンの目標ができ向上心につながった」など、好意的な意見がめだちました。

また、他の音楽イベントでは、継続していくにつれ行政などを巻き込んだ拡大化が図られることが多く、それが良い結果にも悪い結果にもつながりますが、ミナミ・ホイールでは、あえてそれをせず、逆に出演者の選別などについて、広く一般に拡大しないことによりアーティストにとっての「ミナミ・ホイール」のブランドが確立され、イベントが「差別化」されたことが、継続につながっているとも考えられます。

（大島榎奈）

17章 佐野町場——歴史を活かしたまちづくり

1 佐野町場とは

南大阪には、古い歴史的まち並みが多く残っています。

佐野町場とは、南海本線「泉佐野」駅から、北側の商店街を通って五分ほどで到着する（関西国際空港の連絡道路の入り口に近い）泉佐野市の歴史的市街地です（図17-1）。この地域は中世からの古い歴史をもち、近世には、全国の海路の中継基地として栄華を極め、（三井、鴻池と並ぶといわれた）食野・唐金等などの豪商が輩出し、漁業・回船業・醸造業・綿織物業などが集まりました。また、唐金梅所・日根対山等などの文化人を輩出させ町人文化を花咲かせました。町は、それらの歴史を何百年も積み重ねて現在に至っています。今でも、旧新川家住宅など大きな町屋の有名なものが点在し、独自の町人文化を発達させたかつての面影が残っており、以下のような特徴があります。

(1) 歴史的街区としては珍しい市民のまちであること：日本では、歴史的市街地として残っているところのほとんどは、京都や城下町の例をみるように、武家のまち、公家のまちで、直線的な道路でした。そういう意味でも、こうした市民（豪商）のまちは非常に珍しいものです。文化財的な町屋が多く残っております。

(2) 他所にはない、迷路的なおもしろさをもっていること：またそのことからくる、自然発生的な、迷宮のような街路と雰囲気も大変魅力的です。

(3)　関西国際空港のお膝元であるという立地条件の良さ：また、この「佐野町場」地域は、関西国際空港と、西日本最大級のアウトレットモール「りんくうプレミアムアウトレット」に隣接しています。関西空港等の対岸の泉州に古い歴史的まちなみがあることをアピールすれば、適当な時間の余裕のある、トランジット等の外国人に、日本のまちなみをみていただく機会を提供できる可能性があります。

2　佐野町場の歴史

熊野街道の北側（海側）を佐野といい、農業を中心とする集落が開かれていましたが、六斎市が開かれ、代官が館を置くなど、都市的にも発達、これに、浦方からも海運に関わる浦集落がのび、合体したのが佐野町場の原型といわれています。中世期の一五世紀後半から大きくなりました（以下、樋野二〇〇三）。

江戸時代は漁業・廻船業等などの拠点として発展、豪商の食野・唐金などが登場します。彼らは長者番付で鴻池や三井と並ぶ豪商として、井原西鶴の書いた「日本永代蔵」にも記載されています。佐野町場は、江戸中期の一七一三年には人口八五九七人、家数一六六五戸の大集落となり、元禄時代に訪れた貝原益軒が、「民家千軒ありと云(う)、豪商多し」と記しているほどです。

江戸時代末期から明治にかけて白木綿の産地を形成していた泉佐野は、明治後期、軽工業を中心とした産業革命期にタオル産業のメッカとなります。このタオル工業繁栄の要因には、泉佐野から先覚者が出たこと、農村を控え余剰労働力があったこと、小規模工場に適していたことなどがありました。大正期には日本最大の生産地となったこともあります。

3　佐野町場の町並み・町屋の特徴

南海泉佐野駅北側の旧二六号線から海側にかけて地域が、木造の古い民家が建ち並ぶ旧市街地です（図17－1）。佐野町場の道路は、自然発生的で、複雑に伸び折れ曲がり、屋敷地も狭く不整形な点です。それはあたかも中世ヨーロッパの集落を彷彿させるもので、訪れる者を、次の路地に入れば何が出てくるかと、期待を抱かせながら、路地から路地へと誘惑します。

図17－1　佐野町場地図

注）網掛けは，ふるさと町屋館資料に記載された，2006年前後の歴史的価値のある建物の例．

伝統的な町屋の特色は、「妻入り」に「対屋」を付けた「鍵の手型」（L字型）の平面をもつ民家で、階数は二階建てが基本となっています。佐野町場には現在一八八八戸の民家がありますが、そのうち約一五〇軒程度が江戸時代からの伝統様式を残す町屋です。

蔵は、平屋で妻を街路に向けてい

写真17－1　泉佐野ふるさと町屋館

る「妻入り」が特徴です。構造的には屋根は切妻造、本瓦（錣）葺きです。平面の形は桁方向が長く長方形の形をしています。内部は真ん中にある大黒柱に牛梁をかけ両桁側の柱から登り梁掛けを渡して建物・屋根を支えており、壁は厚く漆喰で塗られています。面積は統一されていませんが、ほぼ一二〇平方メートル（約三六・三坪）前後です。現存している蔵は一一棟ですが、建てられてから二〇〇年以上経過しています。

4　泉佐野ふるさと町屋館（＝旧新川家（にいがわけ）住宅）

現在佐野町場に残っている町屋で、市が管理している数少ないものの一つです。市が買い取り、現在、ＮＰＯ法人「泉州佐野にぎわい本舗」が指定管理者として管理・運営し、「泉佐野ふるさと町屋館」として公開しています（図17-1）。

建築は、二〇〇年以上前の江戸時代中期、一八世紀天明年間（松平定信の寛政の改革のころのたぶん一七八〇年代）のしょうゆ業の二代目新川喜内が当主の時代のころに作られたものといわれています。商家としては一番古いものの一つです（写真17-1）。

東西約二二メートル、南北約三〇メートルのやや南北に長い長方形（正確には台形）の敷地に中庭を囲んで、母屋、藏、離れがあります。「妻入り」の母屋から鍵の手（L字）型に突き出ている「対屋《つのや》」や、台形の敷地に合わせて建物も台形になっている設計など、独自のものばかりです。

泉佐野市の都市政策部長だったT氏が、一九九一年ごろ持ち主が売り出すことを聞き、当時の市長に相談、国土法で公共用途の場合売買をとめられることから交渉し、市が買い上げました。その後、一九九三年に指定文化財となり、一九九五年から二年間をかけて市の保存復元事業がおこなわれ、一九九八年より公開しています。

ふすま絵も、江戸時代の文人画家日根対山の書いたもので価値があります。

5　NPO法人「泉州佐野にぎわい本舗」

歴史遺産と伝統文化を活用して観光やまちの活性化を図ることを目的とし、二〇〇五年五月に設立されたNPO法人です。

理事長は、市部長として旧新川家住宅の保存にたずさわったT氏です。氏は助役をへて二〇〇二年、退職しましたが、その後、近世の風情を残す泉佐野市の旧市街地（佐野町場）のにぎわいを取り戻すことを目指して、NPOをつくりました。二〇〇六年より旧新川家の指定管理をおこなっています。現在会員は百数十名になっています。

グループでは、中心市街地が高齢化・大型店の影響をうけ、他都市と同じように厳しい状況の中、このまま何も手をつけずにいると大変な事になると危惧している人たちが、佐野町場の古民家の再生や利用をおこなうことを目指しています。

本舗の管理する「泉佐野ふるさと町屋館（旧新川家住宅）」は、一般公開、他の日でも予約があれば公開していま す（観覧は九時から四時まで、月曜・祝日の翌日のみ休館）。また貸し館事業もあり、NPO法人では、このようにして、これまで、町屋館で、各種イベント「平成ルネッサンスin佐野町場」「江戸の枠・市民秘蔵浮世絵展」「薄成一氏の創作切り絵展」「北浦秀樹氏の創作アート」「佐野にぎわい亭の落語」「新川家ひな祭り」「アートエンタメショウ」等などを開催してきました（蔵の使用等、詳しくは、〒五九八―〇〇五七　泉佐野市本町五―一九、TEL：〇七四二一―六九―五六七三、泉佐野ふるさと町屋館までお問い合わせください）。

6　いろは蔵の地域

佐野町場の海側は、「いろは（四十八）蔵」と呼ばれる江戸時代の豪商食野家の倉庫群の地域でした（図17-1）。現在でも数は少なくなっているものの当時の面影は留めています。その蔵や町屋の間を迷路のように細い道が入り組んで町並みを形成しており、その路地に立ち空を見上げると現代建築のゲートタワービルが姿をみせ、歴史と現代の対比が面白いものです。この地域には、時間を超越した近世と現代が融合した静寂が漂っています。

7　佐野町場活性化研究会

このような状況の中で、NPO法人「泉州佐野にぎわい本舗」のT理事長を委員長とし、各大学との連携のもとで、行政、商工会議所、民間、地域による「佐野町場活性化研究会」が立ち上がっています。地域ではこれまでこのような機会があまりありませんでしたが、今回、産官学で集まって佐野町場について研究・討論する場を作ろうとなったもので、研究会は「①アート」「②トランジットと観光」「③景観保全」「④町屋活用」という四つのテーマを設定し、各方面から「佐野町場」を有名にしていこうという試みです。

関西国際空港の玄関口りんくうタウンにも関西有数の大きな商業集積が誕生しつつありますので、佐野町場も連動して、町屋の保存・景観の保全とともに、アート・観光を媒体にして、若者の集客・滞在・新産業の創出等をはかる計画です（http://www. sanomachiba. jp/）。

参考文献

泉佐野市教育委員会（一九九七）『「いろは蔵」保存管理事業基礎調査業務報告書』。

泉佐野市教育委員会『さの町場 歴史とくらし 泉佐野ふるさと町屋館 施設案内』。

泉佐野市『泉佐野市指定文化財　旧新川家住宅保存復原整備事業報告書』。

樋野修司（二〇〇三）「郷土風土記：泉佐野の旧市街地――佐野を歩く」『教育新潮』一七五号、大阪府立公立小学校教育研究会。

産経新聞（二〇〇六年八月一五日記事）「大阪を創る――「佐野町場」のにぎわい再び」。

読売新聞（二〇〇七年二月二七日記事）「地域にかける――観光資源どんどん発掘」。

朝日新聞（二〇〇七年九月一日記事）「「泉佐野おこし」研究会、地元で発足」。

佐野町場ウェブサイト　http://www. sanomachiba. jp/

（阿部芳明）

18章

大津の京阪電車とＮＰＯのまちづくり

1　京阪電車大津線の歴史

京阪の石山坂本線と京津線（御陵駅～浜大津駅）の両方をあわせて「大津線」といいます。この大津線が現在の形で走り出して八〇年になります（別会社のものを京阪が買収した部分もあります）。

国鉄湖西線が開通した一九七四年に乗客数がピークに達して、その後、二〇〇三年まで年二～三パーセントずつ減りました。ところが、二〇〇四年から現在は持ち直してきており、年一～三パーセントずつ増えて、現在、一日四万一〇〇〇人ほどです。このことの外的要因としては、沿線にマンションが増えて住民が増えていること、運転本数を増やして利便性が高まったことなどによるものと思われます（特に昼間は運転本数を従来の倍としています）。

この大津線は、小さな路線ですが、特徴のある市街地の中を通る路面部分が多く、それぞれの駅の周辺には個性的な観光スポットや歴史的なものがあるところに特徴があります。またソーシャル・キャピタルの章でも説明しましたが、大津は湖上交通の集積地、東海道の宿場町として栄えた歴史があるまちで、「大津百町」と呼ばれる古い歴史のあるコミュニティがあり、しかも現在に至るまで市民活動が盛んです（ソーシャル・キャピタルがあるということ）。そのため、この小さな路線を愛し、盛り上げようという、電車を使ったＮＰＯ的まちづくりが、五つもできて活発に活動しています。
ここでは、それらをご紹介していきましょう。

2　独自の市民活動とキーパーソン

Ｆ氏は、大阪や京都でデザイナー活動をおこなっていましたが、プランナーとして有名で、一九九八年に大津市政一〇〇周年記念のまちおこしイベントの企画を提案しまかされたこともあります。一九九九年には、大津市の女性の目で見た調査研究もおこない、それでナカマチ商店街における福祉拠点「まちのオアシス」を企画、運営します。これは、市＋商工会議所＋商店街のプロジェクトへ提出した、商店街の空き店舗を利用する企画が通ったもので、世代間交流と高齢者の居心地の良い居場所づくりという素敵なアイディアです（その後、大津市まちづくりパワーアップ事業などが採択され、二〇〇七年まで運営することになります）。

Ａ氏は、やはりデザイナーでした。大津市の町屋保存活動などにたずさわり、ナカマチ商店街の「百町館」を拠点に活動しています。この百町館の店舗部分に上記の「まちのオアシス」がありました。また、Ａ氏は、現在は大津市議となって活躍しています。

Ｓ氏は、建築家で、大津市の住宅相談などから、大津のまちづくり問題に携わっていましたが、「ＨＣＣグループ」というまちづくり活動を一九九四年から始めました（二〇〇〇年ＮＰＯ法人認証）。ＨＣＣとは、Human life（暮らし）、Culture（文化）、Communication（交流）の頭文字から名づけられています。学校の先生・行政の人・会社員・建築士・お医者さん・主婦・お百姓さんなど、いろいろな人が集まり、それぞれの人が持っている知恵を出し合い、生活の改善を提案しまちづくりの事業で実践するグループです（ＨＣＣホームページより）。

3　まちづくり会議での電車との出会い

一九九九年に、滋賀県（実施主体は当時あった県外郭団体の滋賀総合研究所）が、NPO協働の「大津・志賀地域まちづくり協働会議」を開き、こうしたリーダーたちが一同に会して、「京阪電車」と「公園」の二つのテーマでやることになり、京阪電車も代表として部長が参加しました（S氏が座長）。

この会議は、月一回くらいの頻度で一〇回程度開催し、ミニコミ発行、京阪電車の沿線案内のパンフなどを作りましたが、二〇〇二年に事業は終了します。

4　大津線をテーマにした五つのNPO的組織

大津線は現在持ち直していますが、ちょうど、この二〇〇二年のころ問題をかかえていました。この年に「乗客数の減少のため大津線分社化か？」という報道が出ます。もともと大津線を使った「まちづくり」を志向されていた各キーパーソンは、そうした報道の影響もあり、さまざまなテーマで、活動を展開していきます。

F氏は、二〇〇二年四月に「①石坂線21駅の顔づくりグループ」を立ち上げました。会員数は約三〇名です。その後、沿線の中高校生の作品を電車に掲示したりする、石坂線文化祭「日本で一番細長い美術館」などを主催することになります。

A氏は、二〇〇二年九月に、代表のY氏とともに「②勝手に京阪いっさか線学会」を立ち上げます。会員数は約三〇名です。「京阪電車は、まちづくりのツールとして必要なもの。まちづくりは、面白くないとだめ」がモッ

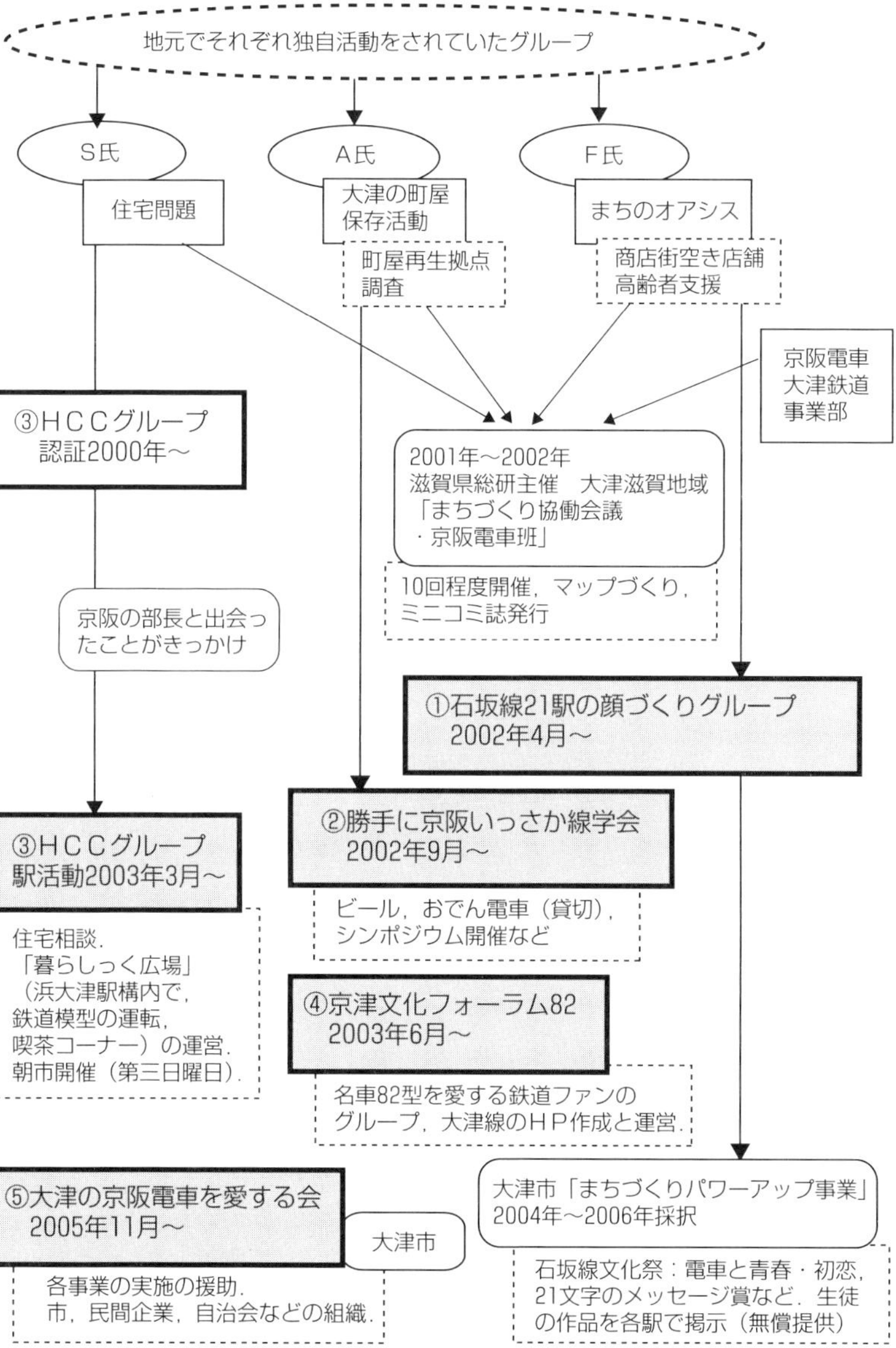
地元でそれぞれ独自活動をされていたグループ
S氏
A氏
F氏
住宅問題
大津の町屋保存活動
まちのオアシス
町屋再生拠点調査
商店街空き店舗高齢者支援
京阪電車大津鉄道事業部
③HCCグループ認証2000年～
2001年～2002年 滋賀県総研主催　大津滋賀地域「まちづくり協働会議・京阪電車班」
10回程度開催，マップづくり，ミニコミ誌発行
京阪の部長と出会ったことがきっかけ
①石坂線21駅の顔づくりグループ 2002年4月～
②勝手に京阪いっさか線学会 2002年9月～
③HCCグループ駅活動2003年3月～
ビール，おでん電車（貸切），シンポジウム開催など
住宅相談.「暮らしっく広場」（浜大津駅構内で，鉄道模型の運転，喫茶コーナー）の運営.朝市開催（第三日曜日）.
④京津文化フォーラム82 2003年6月～
名車82型を愛する鉄道ファンのグループ，大津線のHP作成と運営.
⑤大津の京阪電車を愛する会 2005年11月～
大津市
大津市「まちづくりパワーアップ事業」2004年～2006年採択
各事業の実施の援助.市，民間企業，自治会などの組織.
石坂線文化祭：電車と青春・初恋，21文字のメッセージ賞など．生徒の作品を各駅で掲示（無償提供）

図18－1　京阪大津線をめぐるまちづくりと5つのNPO的活動の展開

トーです。A氏が学会のメンバーといっしょに江ノ電に行ったことからヒントを得て、「ビール電車」や「おでん電車」を企画、実行していきます。ビール電車では、主催者から電車の借り上げとして、主催者から経費を京阪電車に払うしくみです。車体（内部を含む）に、そうした事業で装飾をするときは、社員が手作りでおこない、経費は主催者に請求していないほどです。ボランティア精神の賜といえます。

S氏の始めた「③ＨＣＣグループ」は、住宅問題からスタートしましたが、京阪の部長と前述の「大津・志賀地域まちづくり協働会議」で知り合ったこともあって、二〇〇三年ごろより、駅とのコラボレーション事業を展開しています。京阪が偶然もっていた鉄道模型を活かした地域活性化事業「暮らしっく広場」は、浜大津駅の構内で鉄道模型の電車を走らせたり、喫茶を運営し、駅の利用者にサービスするかわりに、ＮＰＯとしては構内に自グループの情報発信のための場所を提供してもらっているｗｉｎ—ｗｉｎの事業です。また、第三日曜日に朝市も開催しています。「電車の駅でなく、人の駅にしたい。そのためには物が必要。だから朝市を浜大津駅内でやっている」と抱負を語ります。ＮＰＯの会員は現在約一〇〇名です。

「④京津文化フォーラム82」は、二〇〇三年六月に設立された鉄道ファンのグループで、大津線のホームページの作成と運営をおこなっています。その他「篠原資明　百人一滝展」の開催などをおこなっています。この82というのは、鉄道ファンが賞賛する、急勾配を登る特殊能力をもつ82型という名車輌を意味します。この82型の電車を保存する場所をフォーラムが探していますが、現在はとりあえず京阪電車の車庫で保存しています。

「⑤大津の京阪電車を愛する会」は、二〇〇五年一一月からスタートした、大津市が応援する、市、民間企業、地域などの合同の組織です。会員数は約九七〇名です。

5　さらなる展開

F氏の「石坂線21駅の顔づくりグループ」は、二〇〇四年―二〇〇六年に、大津市の「まちづくりパワーアップ夢実現事業」（市民団体へのまちづくりへの一般的な助成事業、一団体あたり最高三〇〇万円）に採択されてきました。

二〇〇四年は「駅に掲示板設置」、二〇〇五年は「駅を電車でつないで線にする文化祭」、二〇〇六年は「面と時間をつなぐ」という企画で、全国から募集し二三五五通の応募があった青春メッセージを電車の車体内外に展示した「青春同窓会号」の中で「学校の垣根を越えた同窓会」を開催しました。これらの「点から線へ、線から面へのまちづくり」という、進化する事業コンセプトが認められ、連続で（単年度事業を三回）採択されたものです。この事業からはじまった「石坂線文化祭」は、石坂線の二一の全ての駅と電車一編成を会場に、中・高・大学生の作品を中心に開催する日本で一番細長い美術館（一四・一キロ）の展覧会です。二〇〇五年にはじまり二〇〇七年で三年目になります。

こうしたキーパーソンの今後の挑戦課題は、ナカマチ商店街など中心市街地の活性化と交通をどう結びつけるかです。S氏のNPOは市のおもちゃ館の指定管理者になり、F氏は「大津まちなか食と灯りの祭」の灯りの部門で、様々な作品の展示に協力し取り組んでいます。

6　NPOとソーシャル・キャピタル

このような活発なまちづくり活動は、それぞれの「まちづくり」に携わっていた市民団体やNPO的団体が県の

写真18－1　左：石坂線文化祭，右：大津まちなか食と灯りの祭

まちづくり協働会議に参加されていて、お互いに知り合いになったこと、そこで京阪電車が議題としてあがったため、京阪電車の部長もその会議に呼ばれて参加者と知り合いになったこと、この二つのネットワークが出来ていたこと（ソーシャル・キャピタルの存在）が大きく、それが、おでん電車や石坂線文化祭の開催などにつながったと思われます。

大津では、このような企業とNPOとの協働のケースが多く、全国的にも優秀事例といわれています。たとえば、「石坂線21駅の顔づくりグループ」による「点から線へ、線から面へのまちづくり事業」は、二〇〇七年一一月に東京の日本財団において見事「パートナーシップ大賞」を受賞しています。

（辻賢一郎）

[3] 観光ビジネス

19章 観光産業と情報

1 観光の現状

関連する産業の裾野が広く、もたらす経済効果が非常に大きなことに加え、昨今の社会の成熟と生活の質を重視するライフスタイルの変化により、人生に潤いと充実を与える余暇活動の中心的なものとして、「観光」は、かつてない注目を浴びています。

従来は観光政策を軽視していた日本も、高度成長期を牽引してきた製造業に代わる二一世紀の産業として「観光」を捉え、観光庁の設立が検討されるまでになっています。また、衰退する地方部の自治体の多くも観光による社会存続を模索しています。大きな経済効果だけではなく、休息による人間の労働力の再生産、人間の基本的な欲求のひとつである変化欲求を充足させ、人生に潤いをもたらすという二つの効果を併せ持つ観光は、成熟が進む今後の日本社会において、欠くことができないものとなりつつあります。

観光産業は一般に平和産業とも呼ばれ、政情が安定した平安な時期にこそ大きく発展するとされています。第二次世界大戦後、国内社会が比較的安定し、高度経済成長期を経て、世界第二位の経済大国にまで成長した日本社会では、景気の好不況、世界情勢の不安定によって一時的に減退したことはありましたが、これまで基本的に観光は右肩上がりに成長を遂げてきたといえます。このような背景もあり、あらゆる方面から、二一世紀の産業として観光のさらなる成長への期待が高まっています。しかし、昨今の宿泊観光における一人当たりの回数、費用や日数に減少傾向が見られるなど、右肩上がりで続いてきた観光全体の成長に翳りが見られつつあるのも現状です。観光の成長が停滞気味であるのには多くの原因が複雑に絡み合っていると思われますが、変化の激しい社会の中で、現在の社会にあわせた観光振興のあり方を改めて考える必要があります。そのためには、まず今後の社会において、観光が経済的、社会的な効果を最大限に発揮し、観光により今後の理想的な社会を実現するために、観光をとりまく現状がどのように変わってきているのかを考える必要が生じてきたといえると思います。

2　観光と情報

観光をとりまく環境の最も大きな変化のひとつに、インターネットをはじめとする情報技術の開発と普及によって、多様かつ多量の情報に触れることができるようになった、いわゆる情報革命があります。情報技術の開発と普及によって、多様かつ多量の娯楽情報が消費者に届けられるようになったことにより、余暇活動の選択時における観光情報のインパクトが従来に比して弱くなっていることが考えられます。つまり、多種多様な娯楽情報に触れることができ、選択の幅が広がる一方で、相対的に観光地の魅力やイベントの楽しさなど、われわれを観光活動に誘引する情報が届きにくくなってしまっているのです。

観光という財は、無形の財であり、テレビやパソコンなどのようなモノ財とは違い、そもそも形がなく、事前に手で触れたり試したりすることはできません。実際に観光に出かけるまでは、情報という形でしか、その財に接することができないのです。よって、無形の財には、情報を消費者に伝えることでのみしか、欲求を喚起できないという特徴があります。われわれが余暇に何気なくおこなっているさまざまな観光活動も無形の財ですから、情報が伝わることによってしか、消費者の欲求を喚起させられないといえるでしょう。

私たちが実際に観光をおこなうにいたるまでには、情報の受信、精査、検討、選別、購買と言う道筋を必ずたどっています。たとえば、テレビの旅番組から情報を得、興味を持ったいくつかの観光地に対して、ガイドブックやインターネットを用いて詳しく調べ、それら候補の中からひとつの旅行先を選び、ホテルや移動、食事など必要なサービスを購入し、実際に観光をおこなうという形です。このように、私たちが観光をおこなうには、第一の段階で多様な娯楽情報の中から、観光客の興味を引く情報が伝えられるか否かが最初の一歩として重要であるといえます。観光振興に一番重要なことは誘客であり、ここではその根本である観光情報の発信について考えていきたいと思います。

3　情報発信と観光振興

(1)　電気街の観光地化

かつて基板や電気工事用品などの電子部品屋や問屋が並ぶ、電気の専門店街であった東京の秋葉原や大阪の日本橋などが、自作コンピュータ部品取扱店の集積を経て、現在はアニメや特撮、ゲームなどオタクカルチャーの中心地として、日本のみならず、世界的な観光地として、新たな価値を生み出すようになりつつあります。

これは、電器部品の専門店や問屋の集中という核が先天的にあり、それに都合が良い店舗が付属的に集積し、さらに、訪れる客層に応じたサービスを提供した（たとえば、家電販売店やＰＣパーツ取扱屋の集積は、核である電器専門店や問屋が存在していたからであり、アニメやゲームといったサブカルチャーの集積は、ＰＣパーツ購入の客層とサブカルチャーの主な消費者層が重なった為であると考えられる）ことで、地域に新しい観光地が生み出された事例といえます（図19-1）。

(2)　ゆふいん温泉の再付加価値化

大分県のゆふいん温泉は、もともと豊富で良質な温泉資源に恵まれており、湯治場や太平洋戦争後の米軍の保養地として利用されてきましたが、別府温泉という国内屈指の温泉地に隣接するという立地条件もあり、戦後の米軍の駐留以降、温泉地としての観光発展は大きく立ち遅れていました。

しかし、一九七〇（昭和四五）年六月、「明日のゆふいんを考える会」の中心メンバーの三人の青年が、欧州への四〇日間に及ぶ町づくり視察研修旅行において、当時の西ドイツの保養温泉地構想から学んだことを契機に、田園的風景の維持や辻馬車の運行など、日本的な温泉地の雰囲気づくりをおこなう一方、ギャラリーの開設や映画祭、音楽祭の開催といった芸術の町という付加価値創造にも成功するなど、当時の日本的温泉地とは一線を画した、新しい観光地としての再付加価値化を実現しています。これは、既存の観光地の再付加価値化の事例といえます（図19-2）。

これら二つの事例は、時期も内容も異なりますが、共通の成功要因として、情報を発信し、消費者に、観光地に対するイメージ（日本橋はアニメ・漫画とさまざまなデジタル機器、ゆふいんは伝統的な日本の農村風景）、期待（日本橋では「より〝萌える〟コンテンツに出会えるのではないか」、ゆふいんでは「懐かしい日本文化に触れられるのではないか」というもの）という情報を、うまく伝えられている点が上げられます。

筆者が、旅行業界のパッケージ旅行部門に在籍していたころに、当時の上司から教えられた言葉があります。売

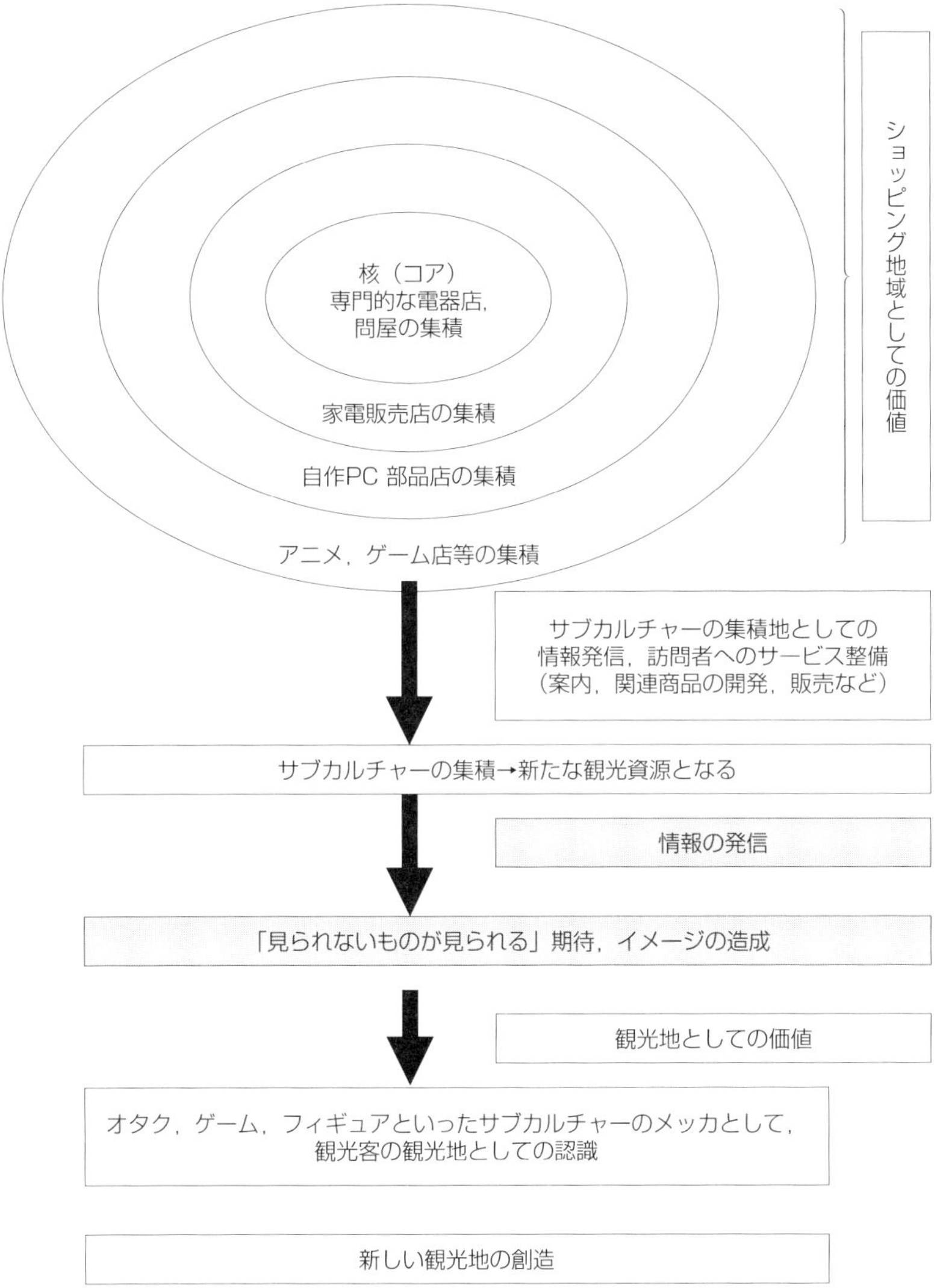

核（コア）
専門的な電器店，
問屋の集積
家電販売店の集積
自作PC 部品店の集積
アニメ，ゲーム店等の集積
ショッピング地域としての価値
サブカルチャーの集積地としての
情報発信，訪問者へのサービス整備
（案内，関連商品の開発，販売など）
サブカルチャーの集積→新たな観光資源となる
情報の発信
「見られないものが見られる」期待，イメージの造成
観光地としての価値
オタク，ゲーム，フィギュアといったサブカルチャーのメッカとして，
観光客の観光地としての認識
新しい観光地の創造

図19－1　電気街の観光地化

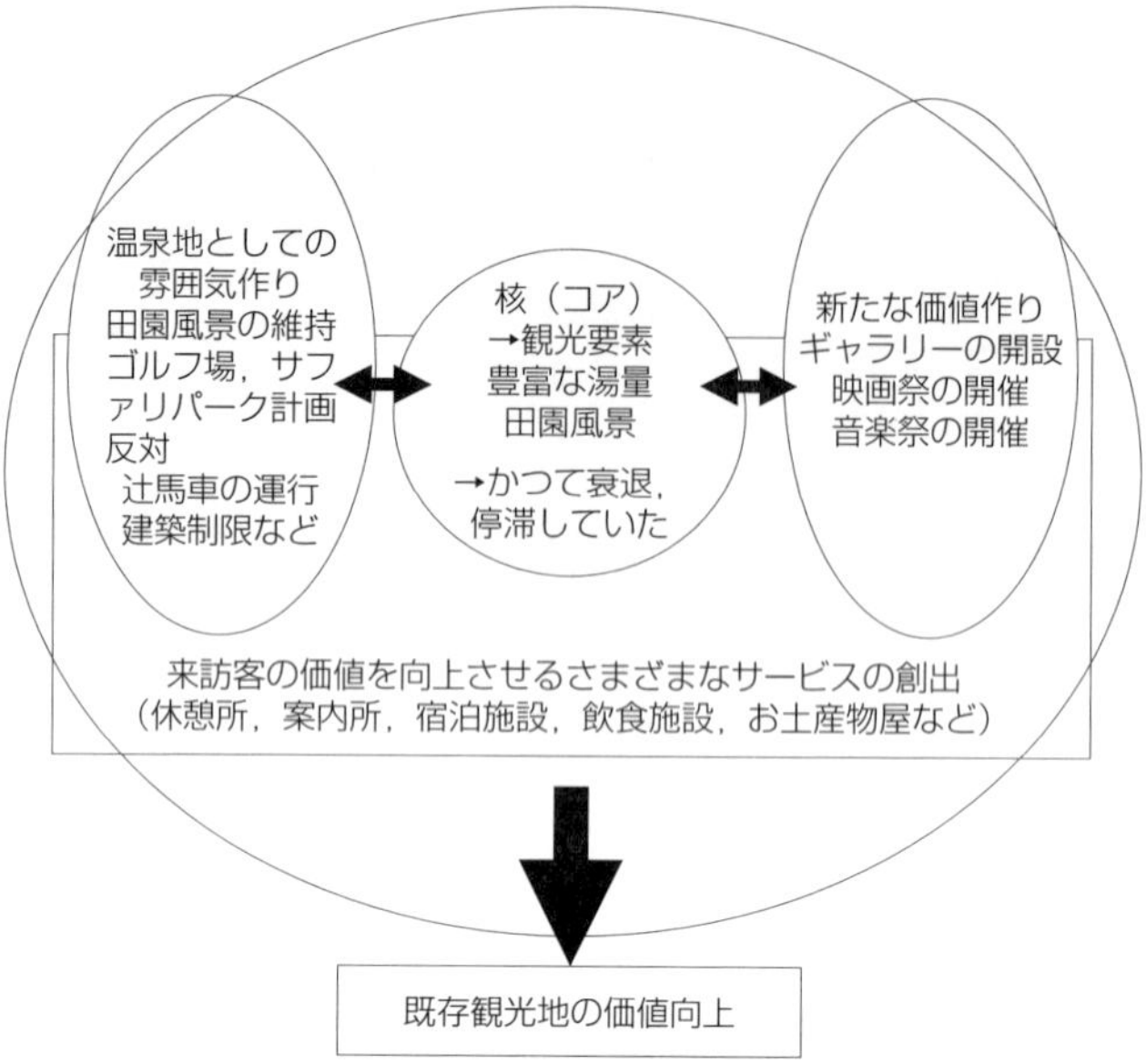

図19－2　ゆふいん温泉の再付加価値化

れる旅行を作るには四つの重要な〝カク〟があり、そこではこれらを〝企画の四カク〟と呼んでいました。その〝四カク〟とは、「企画」「価格」「味覚（食事）」そして「錯覚（期待感・イメージ）」なのですが、特に、利益を上げなければならないプロとしては、限られた予算で旅行を楽まなければならないお客様に、いかにして価格以上の期待感（イメージ）を発信できるかという「錯覚」を与える能力が旅行企画の担当者に必須のものであると教えられました。前に述べたように観光は形がなく、事前には試したり触れたりすることができないものです。いくら魅力的な観光地であっても、高質なサービスを提供していても、まずは、消費者に観光に来てもらわないと何も始まりません。消費者に向けた情報発信こそ、誘客の根本であり、最も重要であるというこの考えは、社会全体が目指す観光振興に対しても当てはめることができるのではないでしょうか。

4　観光振興と持続的発展

ここまで、実際に現地へ誘客し、観光活動がおこなわれるには、まず、情報を伝達し、消費者によいイメージを持たせることが重要であることを述べてきました。

しかし、期待感（イメージ）の発信だけでは、来客は一時的なものに終わり、観光地としての持続的な発展は実現できません。構築したイメージをきちんと持続し、更なる高みへ消化させていくことで、来客を持続的なものにできるといえます。

当然のことながら、お客様に繰り返し来訪していただくためには、積極的に情報を発信し、消費者の受信の機会を増やし、イメージを高めていくとともに、イメージを裏切らない、それ以上の満足を与える観光地としての持続的な努力が必要となります。前に述べた日本橋やゆふいんといった事例においても、日本橋ではさまざまなサブカルチャーイベントを開催し、ゆふいんでは美術館やカフェの開設、音楽祭、映画祭の開催とより高質な温泉保養地へのイメージ変換を目指すなど、さまざまな努力が持続的におこなわれていることでも共通点が見られます。

米国のマーケティング論の大家、P・コトラーも、自らの著書の中で、特定の商品やサービスを愛し、繰り返し利用してくれるリピーターの存在と、リピーターに愛される商品・サービスづくりの市場における重要性を述べています。

人口減少時代を迎え、国内観光人口の減少が避けられない現実の前で、観光情報の発信を促進することとともに、情報発信によって消費者に抱かせたイメージをいかに維持、向上させ、繰り返し来訪するリピーターを創造していくかを考えていくことが、今後の観光振興を考えるにあたり重要となるでしょう。

参考文献

米浪信夫（二〇〇四）『観光・娯楽産業論』ミネルヴァ書房。

近勝彦（二〇〇四）『IT資本論――なぜIT投資の効果はみえないのか?』毎日コミュニケーションズ。

レス・ラムズドン、奥本勝彦訳（二〇〇四）『観光のマーケティング』多賀出版。

P・コトラー、白井義男訳（二〇〇三）『コトラーのホスピタリティ&ツーリズム・マーケティング』ピアソン・エディケーション。

P・コトラー、白井義男訳（二〇〇二）『コトラーのプロフェッショナル・サービス・マーケティング』ピアソン・エディケーション。

岡本信之編（二〇〇一）『観光学入門』有斐閣アルマ。

長谷政弘（二〇〇三）『新しい観光振興――発想と戦略』同文舘出版。

木谷文弘（二〇〇四）『由布院の小さな奇跡』新潮社。

日本観光協会編（二〇〇五）『観光カリスマ――地域活性化の知恵』学芸出版社。

国土交通省（二〇〇六）『平成一八年度版観光白書』。

社会経済生産性本部（二〇〇五）『レジャー白書二〇〇五』。


（西堀俊明）

20章 兵庫の観光——但馬豊岡と丹波篠山

1 都市圏型の地域ブランド戦略——兵庫県豊岡市（コウノトリ、城崎温泉、出石）

二〇〇五年四月一日に豊岡市、城崎郡城崎町、出石郡出石町、城崎郡竹野町、城崎郡日高町、出石郡但東町は対等合併し、人口約九万人、面積は約七〇〇平方キロメートルの兵庫県で一番大きい市、豊岡市となりました。合併後の豊岡市では、コウノトリをシンボルとして観光まちづくりを推進する旧豊岡市中心部、全国的にも有名な温泉地〝城崎温泉〟、観光地としても人気のある城下町〝出石〟など豊かな資産に富んでいます。広い意味での地域ブランドを目指す、その豊岡市の現状と今後についてふれてみたいと思います。

(1) 城崎温泉

城崎温泉は、温泉地での就労人口の約八割が、温泉観光業に従事しているといわれているほど、日本でも名だたる温泉地のひとつです。城崎のまちなみには七つの外湯があり、街中を流れる大谷川沿いに温泉街が形成されており、それにつながるように、しだれ柳が風情を醸しだして、まち全体がひとつの旅館として浴衣で歩くことが楽しめる情緒のある全国でもめずらしい温泉地です。それぞれの旅館の中だけで料理屋や土産屋が充実するのではなく、外で飲食ができる施設が多いと高い評価を受けています。冬には、山陰名物の松葉ガニ（ズワイガニ）も、食としてのブランドとして全国的に有名です。

しかしながら、温泉地は、経済が成長を続けていた時代は、会社内の親睦を目的とした慰安型・宴会旅行の団体客中心でしたが、旅行者の温泉地への嗜好が癒し・やすらぎの旅、女性が安心できる旅、体験型の個人型の旅へと嗜好も移り変わるなか、各種の取り組みをおこなっています。

城崎温泉も、より魅力的なまちにするため、新しい文化施設として「木屋町小路（きやまちこうじ）」を二〇〇八年七月下旬にオープンさせます。これは、城崎温泉街の中心に位置する外湯「御所の湯」の前にできる奥行き六〇メートルの木造二階建ての「三十三間広場」と「テナントゾーン」からなる新しい観光スポットです。「和」のイメージを持ちながら、城崎のブランドとなるような「こだわりを持った品」「オリジナル商品」「知育の特産品的な品」などをテーマにした業種と、温泉街において温泉以外のリラクゼーションの場や癒しを提供できる新しいタイプの業種を予定しています。また、「三十三間広場」はイベント広場として、観光客の憩いの場、交流の場として催し物をおこないます。駅前から温泉街へと続く通りを結ぶ施設として、更なる町の賑わいと新しい顧客の創出が待たれるところです。

(2) 出　石

出石皿そばで有名な但馬の小京都といわれる城下町出石では、二十数年来、観光・宣伝などに取り組んできた観光協会が、出石観光センターの運営や観光ガイド並びにそば店の経営をおこなってきました。事業を幅広く展開するうえで、観光協会の事業部門の独立・法人化は従来からの課題で、観光産業を基盤に、広くまちづくり事業を展開してきましたが、商業の中核をなす商店街では、やはり空き地や空き店舗を目にするようになってきました。そこで、一九九八年六月に「出石まちづくり公社」を設立し、翌年にはＴＭＯ構想を策定しました。いまや出石には、年間一〇〇万人近い観光客が訪れるようになっています。

公社は二〇〇〇年に集合貸店舗「出石びっ蔵」をオープンし、商業集積機能を高める小売り・サービス業種を積極的に誘導し、中心市街地商店街におけるテナントミックスの強化を図り、併せて、空き地、空き店舗を利用した町屋ギャラリーや休憩所など、観光・ショッピング等に関する情報サービスの提供やミニイベント等の開催拠点の整備をおこない、交流型の空間づくりの整備をおこないました（その取り組みが評価され、（社）日本観光協会の「地域いきいき観光まちづくり一〇〇選」にも選ばれています）。

また、一九〇一（明治三四）年から歌舞伎芝居、新派劇、浪花節、活動写真など娯楽文化施設としての劇場として保存されてきた「永楽館」を四〇年ぶりに新しく復興し、記念すべき「平成柿落とし興行」歌舞伎芝居を上演する予定で、新しいまちの名所として期待しています。まちなみも、二〇〇七年度に全国で八〇番目の重要伝統建造群保存地区（重伝建地区）に選定されました。

(3)　コウノトリブランド

日本の野生コウノトリは、様々な社会の変化・経済の発展に伴い自然環境が損なわれたことにより、一九七一年に但馬の地を最後に絶滅しました。

しかし、コウノトリの保護活動を続けてきていた豊岡市民はあきらめませんでした。一九五五年から始めた人工飼育は苦難の連続でしたが、待望のヒナが誕生したのは平成になってからで、二〇〇五年に四〇年におよぶ人工飼育を経て、日本の自然界から一度は姿を消したコウノトリが放鳥されたのです。このようにコウノトリの保護活動が軌道に乗り始めると、改めて「コウノトリも住める環境をつくる」都市政策へと夢はふくらんでいきます。

写真20－1　コウノトリ郷公園の敷地内で休むコウノトリ

豊岡市は二〇〇二年にコウノトリをシンボルとしてまちづくり進めることを宣言し、これを総合的に推進するため、企画部にコウノトリ共生推進課（現コウノトリ共生課）を設置し、また、無農薬・減農薬でつくられた農産物を対外的にアピールするために、農林水産部をコウノトリ共生部に改称して兵庫県と共に「コウノトリ野生復帰推進計画」「コウノトリ地域まるごと博物館構想・計画」を策定したのです。コウノトリも住める環境を創造することは、生活のいたるところで環境を意識することなのです。それは生活と産業のすべてに及びます。二〇〇五年、市は、環境への取り組みを持続可能にするべく、持続的可能なまちづくりを進めていくビジョンとなる「豊岡市環境経済戦略」を策定しました。

現在は、こうした政策は「豊岡型地産地消の推進」「豊岡型有機農業の推進」「コウノトリツーリズムの展開」「環境経済型企業の集積」「エコエネルギーの利用」を基軸とした「地元への愛着と理解」「研究」「文化」「健康」「農」「ものづくり」「知」「観光」というテーマにおいて相互に補完しあっています。

特に、農薬の使用がコウノトリが住めなくなった原因のひとつであったため、一九九五年からはアイガモによる無農薬の米づくりがはじまり、二〇〇三年には安全・安心農産物の認定制度を受け独自のブランドとして「コウノトリの舞」を商標登録しました。

また、農村の美しい景観づくりと自然再生をセットで推進していくことは、生き物を復活させるだけでなく、そこに住む生活者にとっても生活の潤いを与えてくれる空間の再創造になると考え、「地域まるごと博物館構想・計

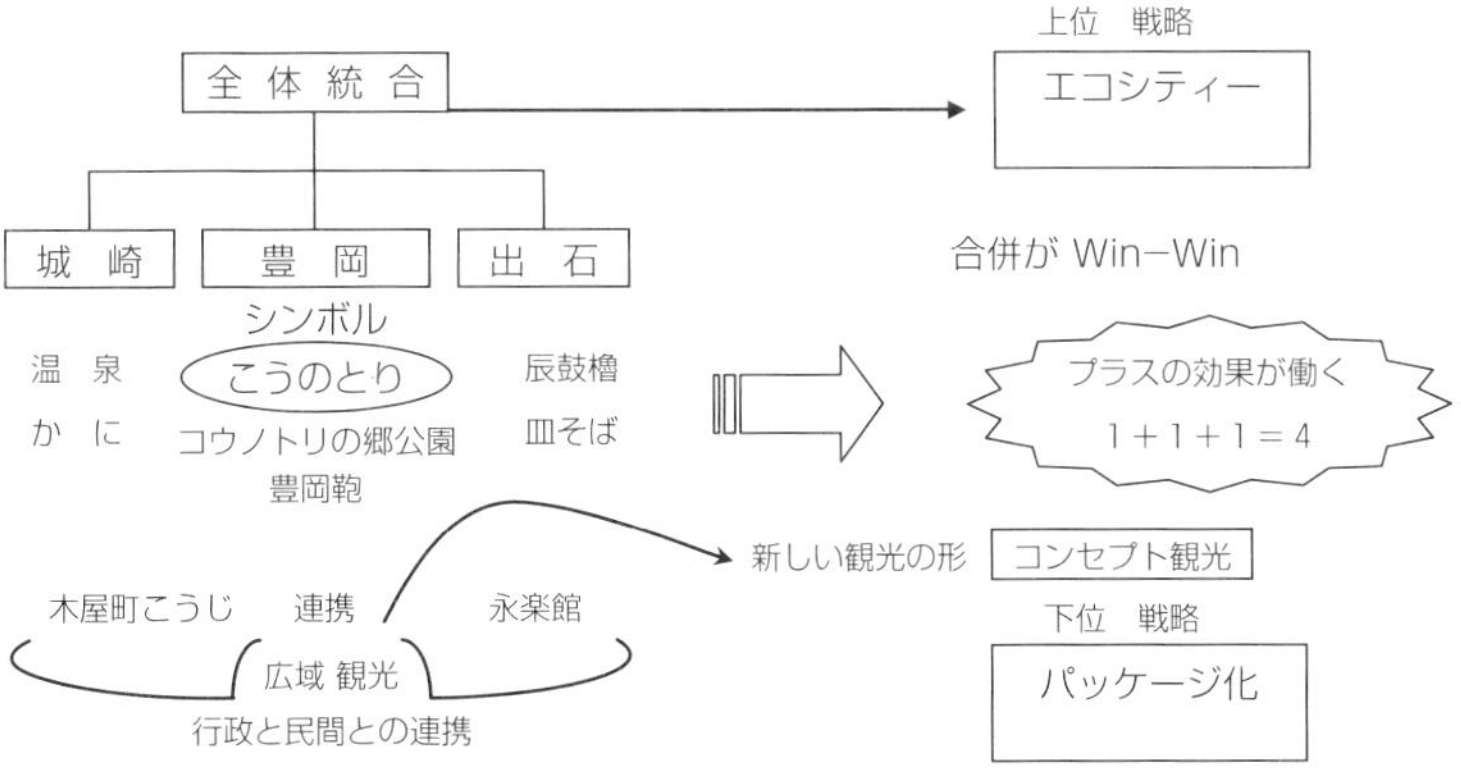

図20－1　総合的観光戦略――合併と観光の調和

出所）渡邉作成.

画」に基づいた美しい村づくりをするため、電柱の地中化、農道への植花運動を展開していきます。

コウノトリツーリズムも順調で、中心部から東へ車で約一〇分ほどのところにある県立コウノトリ郷公園の敷地内にあるコウノトリ文化館の入館者数は、二〇〇五年に二四万人でしたが、二〇〇六年には四九万人と急増し、コウノトリブームを物語っています。それに隣接する豊岡市立地域交流センター「コウノトリ本舗」は、地元企業と市民が造ったコンソーシアムのメンバーが主体となって設立され、物品の販売やツーリズム情報の発信をしていることなど、地域住民が主体となった取り組みが始まっています。

(4)　総合的観光戦略へ――パッケージ化、リンケージ化

市町村合併を経て、これからは本来、観光の連携・パッケージ化の相乗効果を検討すべき時期にきているのではないでしょうか。いままでは、温泉、そばといった一泊単体であった旅行計画も、これからは、たとえば神戸・姫路から銀の馬車道を通って、生野銀山を経由して城崎温泉に宿泊。翌日コウノトリの郷公園を見学したあと、出石でそば打ち体験するというような周遊型の商品として、二泊、三泊に拡大することが期待されます（図20-1）。

その際、重要になるのは総合的な政策のテーマです。コウノトリや、かに、そば、温泉などのセラピーを考えると、たとえば例として、豊岡市全体としては、都市型の「エコシティ・ヘルシーシティ」などの概念が浮かんでくるのです（図20-1）。

エコで観光開発をするのも面白いと思われます。たとえば、ある旅行社は、自分のお箸や歯ブラシを持参すると宿泊する旅館の館内の利用券がもらえるなど、面白いアイデアで注目を集めている「ｅｃｏたびキャンペーン」という商品を展開し始めています。

また問題となっている中心市街地の活性化を図るためには、豊岡駅前から「カバンストリート」までの通りを「エコストリート」として、①豊岡市が進める無農薬・減農薬野菜を使った料理（ヘルシーメニュー）がレストランで食べられたり、②エコに関連したグッズや、（カバンストリートとともに）豊岡の地場産業である豊岡ブランドの鞄などが手軽に買うことのできるようになれば、中心的なにぎわいになるのではないでしょうか。遺伝子組み換え、ＢＳＥ、外国産野菜など、二一世紀は「食の不安の時代」といわれています。「安全食」そのものが強力な地域ブランドになりうるのです。

2　丹波篠山中心市街地と伝建地区

(1)　丹波篠山の観光

平成の大合併の先駆けとして知られる篠山市（平成一一年に合併して全国で注目される）は、人口四万六二二三人（二〇〇七年一二月末現在）ですが、年間約三〇〇万人の観光客が訪れる関西の有名な観光地となっています（公共交通機関が便利なことから多くは日帰り観光が占めています）。

この観光スポットは、中心市街地は篠山城跡を中心とした旧市街地域です。東西に延びた商店街の周辺には、一八九一（明治二四）年に建てられた篠山地方裁判所（わが国最古の木造裁判所）を利用した「④歴史美術館」や、一九二三（大正一二）年に建てられた篠山町役場庁舎を活用した観光案内・休憩所である「③大正ロマン館」があります（以下丸番号は図20-2中の番号）。大正ロマン館の建物は、当時、最もモダンな洋風建物と有名でした。現在は、観光案内所、交流サロン、売店などがあります。

また、江戸期からの歴史的建物としては、篠山城の「①大書院」、旧篠山藩主青山家の別邸である「②青山歴史村」、寛政九（一七九七）年に創業した鳳鳴酒造の建物をそのまま開放した「⑥ほろ酔い城下蔵（鳳鳴酒造）」などがあります。

後述する国の重要伝統的建造物群保存地区としては、篠山城西側の御徒士町通りにある「御徒町武家屋敷群」と、南東部の篠山川近くの河原町に、城下町の商業の中心として栄えた「河原町妻入商家群」が、まとまった景観として残っている地域です。「御徒町武家屋敷群」では、一八三〇年頃（江戸時代末）に建てられたと推定される篠山藩の標準的な武士住宅が武家屋敷「⑤安間家史料館」として復元され、一般公開されています。古文書、日常に用いられた食器類、家具、武具等があり、二〇〇三年には丹波水琴窟が造られました。「河原町妻入商家群」は、江戸時代からの景観が残る妻入の商家の町並みが東西六〇〇メートルにわたって延びている貴重な地域です。

篠山市の中心市街地は、このような文化施設や歴史的街並みなど城下町の面影を残す独自の風土性を守っていること、また特産品である黒豆を使ったアイデア食品などの販売により、人口規模に比べて知名度の高いまちとなって多くの観光客が訪れているのです。

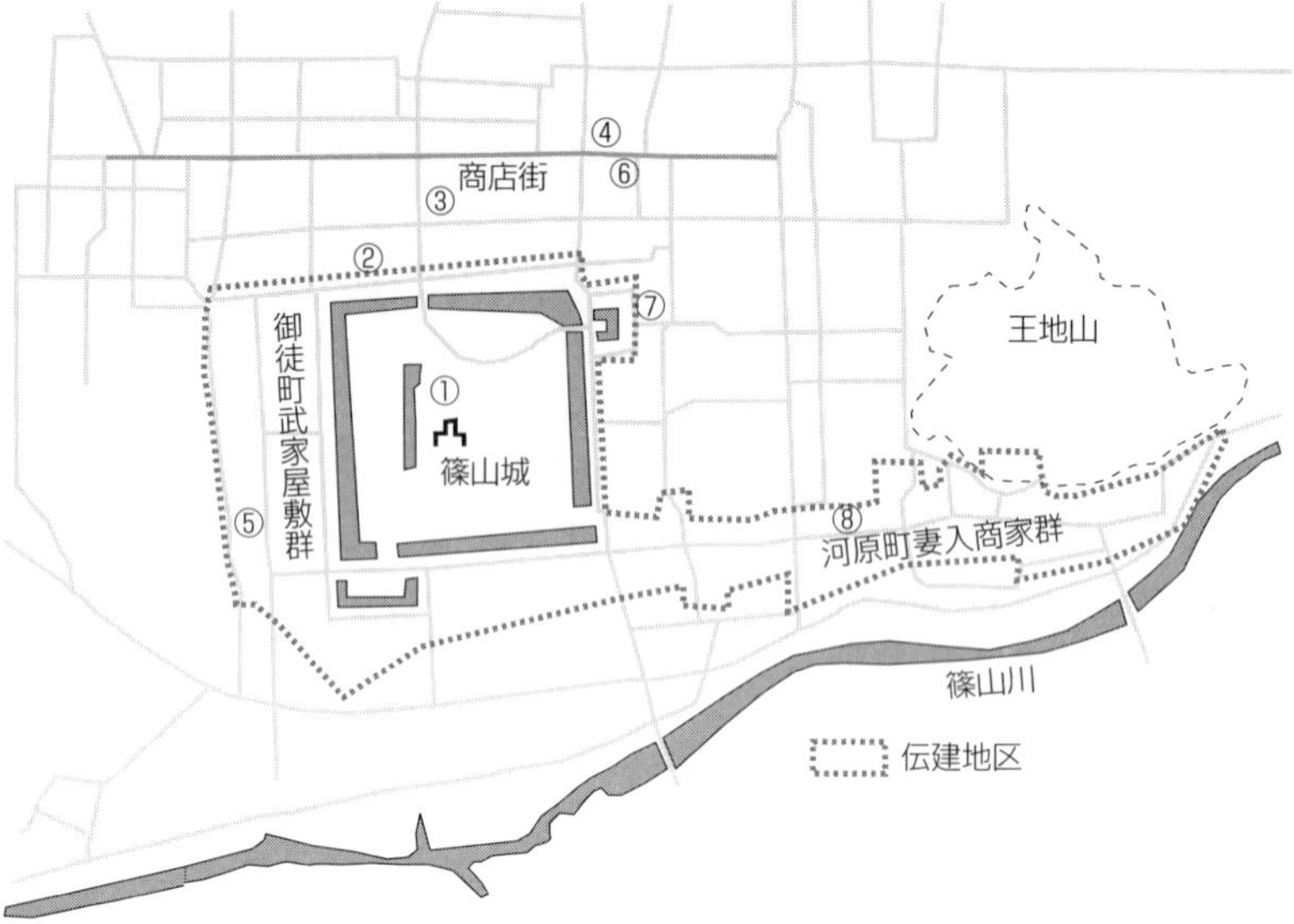

①大書院　③大正ロマン館　⑤安間家史料館　⑦社氏酒造記念館
②青山歴史村　④歴史美術館　⑥ほろ酔い城下館　⑧古陶館

図20－2　丹波篠山旧市街中心部

(2)　丹波篠山の「重要伝統的建造物群保存地区（重伝建地区）」篠山市篠山城下町

丹波篠山の歴史的な町並みは、二〇〇四年一二月一〇日に「重要伝統的建造物群保存地区（通称「重伝建地区」）」として公示されました。範囲は、一六〇九（慶長一四）年に築かれた篠山城跡と、その周りに町割りされた武家町、商家町を含む、東西約一五〇〇メートル、南北約六〇〇メートル、面積約四〇・二ヘクタールの地区です。

兵庫県内では、一九八〇年に選定され神戸市北野町山本通（異人館街）につづき二例目で、城下町としての選定も福岡県甘木市秋月に続き全国で二例目と非常に有名です。中心市街地が重伝建地区に指定されることは、中心市街地活性化、歴史的町並み保存と観光スポット化への効果は大きいものがあります。

このように丹波篠山に歴史を活かしたまちづくりが成功している背景には、第一に、ある意味で、近代化を拒否したこともありました。このような町並みが今なお数多く残っているのは、中心市街地に鉄道や高速道路のインターチェンジなどの乗り入れを徹底して拒んだ結果であるともいわれています。

第二に、単に開発が起こらなかっただけではなく、やはり住民の保存に対する熱心さも大きいものがあったといえます。重伝建地区指定に至るまでの月日は長く、一九七二年には「町並み保存懇談会」が開催されましたが、保存に関する修復工事では、多くの住民が声をあげており助成金が交付される順番を待っている状態ということです。また、町とその歴史を愛し町並みを紹介するボランティア活動（ディスカバーささやまグループなど）も盛んであり、ボランティアは兵庫県でもっとも古く二五年の歴史があります。実に一九八三年からガイドツアーがおこなわれ、観光マップも早い段階で作成配布しています。現在でもガイドツアーは年間二二〇回もの要請があり、ボランティアの人数は、多いときで最大三四名もの人が登録していたそうです（ガイドのH氏による）。ボランティア活動の組織は、篠山市の観光部局からの要請で設立し、単独組織であるが丹波篠山市観光協会と連携しながら活動をおこなっています（観光協会事務局長K氏による）。観光施設である「大正ロマン館」などの施設は、篠山市の指定管理者制度により運営がなされています。

3　丹波篠山陶芸の郷づくり

(1)　「立杭」地域とは

篠山市西部の今田町地区には、丹波立杭焼の郷「立杭」地域があります。丹波・播磨・摂津との三国境にある緑豊かな自然に恵まれた地で、八〇〇年以上にわたり日本六古窯のひとつである丹波焼の窯の火を絶やすことなく現在に伝えてきました。現在、約六〇の窯元が軒を連ねて生業を営んでいます。事務所の規模は家族主体の家業で、ほとんど個人事業の規模です。若い世代の関心は高く、三分の二以上の窯元は後継者をすでに決めているとのことです（平均年齢約四五歳と若手が多い）。

生産については、全窯元が登り窯もしくは穴窯を保有しており、その他ガス窯や電気窯等も保有しています。製品の種類は食器と花器が多くなり、酒器は減少傾向だそうです。また、技術の継承方法は、他の産地で修行した後、戻って親方の技術を学ぶスタイルが多く、産地内には技術センターはないとのことです。

販売先は、兵庫県内が約六〇パーセント弱、兵庫県以外の近畿圏が二五パーセントであり近畿が多くなっています。販売方法は、庭先での販売が四〇パーセント、陶の郷即売場での販売が二〇パーセントで現地型です。

(2) 陶の郷と丹波立杭陶磁器協同組合の活動（兵庫県篠山市今田町上立杭三）

丹波立杭陶磁器協同組合は、一九五〇年、丹波陶磁器工業協同組合と丹波陶器協同組合が統合し設立されたものです。組合員数五七人で、運営内容は、伝統工芸公園、立杭、陶の郷の管理運営（二〇〇六年六月指定管理者に指定）、林土工場、兵庫陶芸美術館、ぬくもりの郷、ひょうごふるさと館での陶器販売などです。

一九八五年に、立杭の中心部（現事務所）に丹波伝統工芸公園「立杭陶の郷」を開園、一九八八年には、陶器即売場・陶芸教室を開設する組合の拠点施設である「観光物産センター」を開設しました。同年、今田町で「日本六古窯サミット」開催、二〇〇二年「陶器まつり」の名称を「丹波焼陶器まつり」に改称、二〇〇五年即売場をリニューアル「窯元横丁」としてオープン、二〇〇六年組合「陶の郷」が指定管理者となりました（年中無休体制）。

陶の郷の入園数は、一九九六年度は一五万人以上あったが、その後じょじょに減少していたとのこと。ところが、心の時代の到来や高齢化などの社会変化で、陶芸もブームとなり、「兵庫陶芸美術館」がオープンする二〇〇五年度には、長期低落傾向に歯止めがかかり、これにあわせて各種イベントや連携事業を活発化させたところ、大変成功し、二〇〇六年度以降は回復傾向が顕著に見られるようになりました。二〇〇七年度は陶芸教室利用者数も大幅増加しているとのことです（I理事長（やきものの里プロデュース倶楽部代表）による）。

(3)　兵庫陶芸美術館（兵庫県篠山市今田町上立杭四）

兵庫県では、一九九四年に「県立陶芸館（仮称）基本構想及び基本計画」を策定するとともに、県民にアンケート調査をおこなったところ、約七割の県民が陶芸美術館の必要性を支持していることとわかりました。そこで、財団法人兵庫県陶芸館から陶芸館資料（八三五点）の寄付を受け、その後、地元要望・事業推進委員会の設置、県立陶芸館（仮称）開設準備委員会を立ち上げ、立杭の郷（今田町）に、二〇〇五年一〇月一日に開館したのです。

建物は、面積約五万平方メートル、建物面積約六五〇〇平方メートルにエントランス棟、展示棟、管理棟、研修棟、茶室、廊下等を備え、館長以下二四人（うち非常勤九人）が勤務しています。二〇〇六年度の総予算は二億八五三四万円で、うち、施設管理運営費が一億三六〇〇万円で約半分を占め、展覧会・調査・研究事業が約八五〇〇万円、収集保存事業が約五〇〇〇万円となっています。

事業実績としては展覧会（特別展、テーマ展の開催）、美術品等の収集・保存事業及び調査・研究事業、情報の収集と発信事業（コンサート・楽焼体験、茶会等八回、デジタルインフォメーション蔵作品、約一〇〇〇点のデジタル化と展示会場等に収蔵品検索用端末の設置）、イベント関連事業（立杭の郷等との連携による「やきものの里」の連携）、創作・学習を主体と人材育成事業（陶芸文化講座、陶芸ワークショップ、窯元指導コース、自作陶芸・子ども世代陶芸コースの開催）、学校連携事業（二〇校、五教育機関との連携）、地域活性化事業としての養成講座等を開催しています。

入場者数も、開館の二〇〇五年の入場者数約六万人に対し、二〇〇六年度には一一万人を超え順調に伸びています。この施設が立地されたことにより、「立杭陶の郷」「ぬくもりの郷（温泉）」「めんめの会」「丹波篠山観光協会」

「今田ネットワーク委員会」等との連携によるイベントが展開され、相乗効果があることがわかりました。

(4)「やきものの里プロデュース倶楽部」による「やきものの里・春ものがたり」の成功

地域の活動団体が連携して「陶芸の里」を盛り上げる推進組織「やきものの里プロデュース倶楽部」を立ち上げ、その活動の第一弾として二〇〇七年のGW期間中に「やきものの里・春ものがたり」を開催しました。

構成団体は、「丹波立杭陶磁器協同組合」の理事長を代表に、「兵庫陶芸美術館」「篠山市立杭陶の郷」「グループ窯」「めんめの会」「篠山市」「篠山市商工会」「丹波篠山観光協会」「こんだ薬師温泉」「今田ネットワーク委員会」「陶芸ボランティア」等一三団体（実践者・協力者約二〇〇人）です。

「春ものがたり」の期間中の来場者数は約四万七〇〇〇人（美術館一万一〇〇〇人、陶の郷一万人、温泉二万人、窯元六〇〇〇人）、この来場者数と出展売上約三五〇〇万円が直接効果です。さらに、地域への波及効果として、地域文化観光資源の周知拡大により来訪者が増大（前年対比一二〇パーセント）、参加体験型事業（窯元電動ロクロ教室）をアピールし、陶の郷での陶芸教室参加者が急増（前年対比一七〇パーセント）しました。

このような大がかりのイベントですが、地元の「陶芸の郷」への地域愛にささえられたボランティア精神の賜で、公的には広報の他はほとんど支出をしていないにもかかわらず、（陶芸ブームも手伝って）大成功をおさめました。

また、新たな交流人口が増大したことにより地元陶芸家や飲食店などの商業活動が活発化するだけでなく、「春ものがたり」イベントを通じて美術館、陶の郷、薬師温泉、窯元等の連携意識が醸成されたのも成果でした。

現在、陶芸家や工芸家のように、地域の伝統的技法や資源を活用するために活動拠点を地域に置いている芸術家だけでなく、これまで他地域で製作活動をおこなっていたデザイン、染織家等のなかにも、自然環境にめぐまれた地域に、意図的に自分の活動の拠点を移す人が増えつつあります。
陶芸の郷は、県内の利用者に限らず、大阪、京都等の近畿圏の訪問者も多く、立地的にも都市部から約二時間半という距離にあり、陶芸・美術という地域資源を有効に活用して、呼び込み型の事業展開に定着しつつあるといえます。

注

地域ブランド戦略とは

二〇〇四年に、政府の知的財産戦略本部（日本ブランド・ワーキンググループ）がまとめた報告書によると、日本の魅力向上のための具体策として「食」「ファッション」と並び「地域ブランド」が三つの柱のひとつに位置づけられ目標として掲げられています。

また、二〇〇六年度からの施行を目指して、地名入り商標（地域名＋商品名）の登録条件緩和などが盛り込まれて、改正商法案が通常国会に提出されるなど、特徴ある自然・景観を有する地域・歴史に彩られた地域は、地域イメージから新たな商品やサービスを生み出していくことが可能となりました。

イメージの薄い地域は、地域発の商品やサービスを開発（個別の地域ブランドを確立）していくことで、地域そのもののイメージブランド化を図ることは可能で、「ハードの投資をせずにソフトだけで地域を活性化する」ツーリズムへの期待は大きいものがあります。

参考文献

関満博（二〇〇七）『新「地域」ブランド戦略――合併後の市町村の取り組み』日経広告研究所。
小長谷一之（二〇〇五）『都市経済再生のまちづくり』古今書院。
コウノトリ野生復帰推進協議会『コウノトリ野生復帰推進計画』。

コウノトリ野生復帰推進連絡協議会『コウノトリ野生復帰推進事業・活動一覧』。
篠山市『篠山市総合計画二〇〇一年』。
篠山市『篠山市統計書二〇〇七年版』。
豊岡市『豊岡市環境経済戦略』。
長谷政弘（二〇〇三）『新しい観光振興――発想と戦略』同文舘出版。
兵庫県豊岡市『コウノトリと共に生きる　豊岡の挑戦』。
兵庫陶芸美術館『Visitors Guide 2006-2007』。

（渡邉公章・北野正信・久保秀幸）

21章 湖国の新しい産業と観光――高月・バイオ大・エコ村

1　交通と観光――高月町のまちづくり

滋賀県湖北地方に位置する伊香郡高月町では、滋賀県が推進してきた北陸線の直流化事業にあわせた駅を中心とした公共交通の整備と、湖北地方の観光振興にあわせた「集落で守られてきた観音の町」を核とした町の活性化を試みています。

高月町は北陸自動車道木之元ＩＣから近い自動車交通の便利さもあり、大規模な事業所（日本電気硝子(株)滋賀高月事業場、ヤンマー(株)大森工場等）があるだけでなく、ニッチではあるが大きなシェアを持つ企業も立地しており、交通網の整備に併せた複数の事業を積極的に進めています。

高月町は固有の歴史・文化資源に恵まれています。なかでも、渡岸寺《どうがんじ》観音堂の国宝十一面観音（平安期）をはじめとする各地域の多くの仏像は国内でも貴重な歴史文化財として知られ、同町が「観音の里」といわれる所以となっています渡岸寺観音堂は七三六（天平八）年泰澄の開基で、織田信長の小谷《おだに》城攻めの際にも焼失をまぬがれました。他にも重要文化財六像をはじめ多くの観音像が集落で守られています。

■高月町における施策

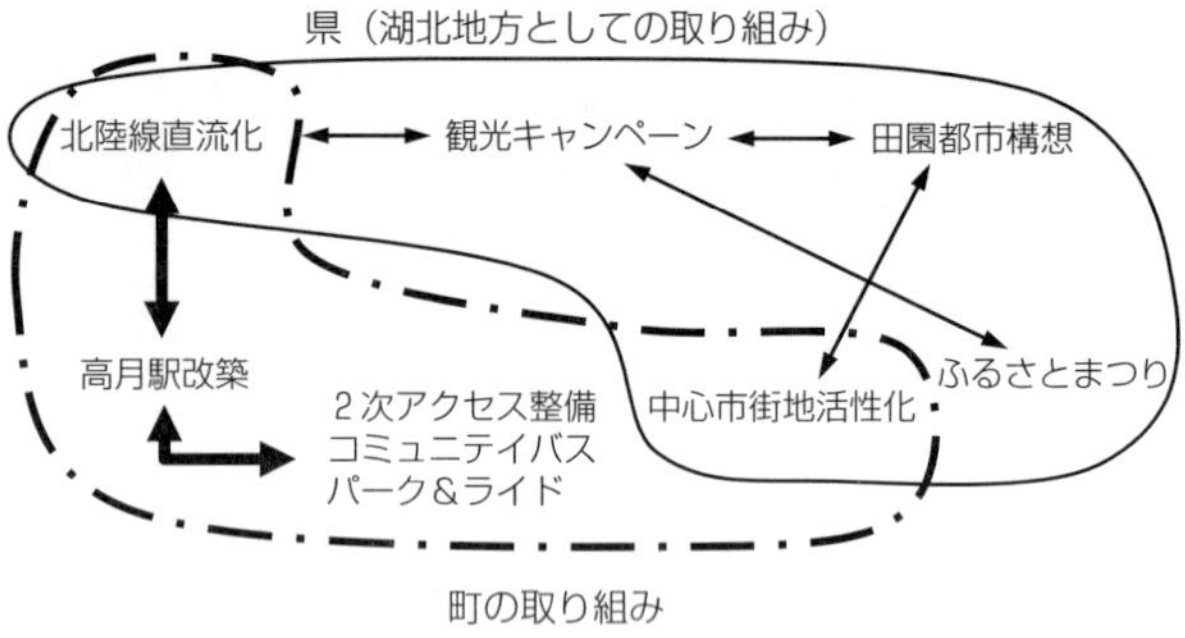

図21－1　高月町のとりくみ

2　北陸線直流化と高月駅改築

滋賀県・福井県・ＪＲ西日本で実施された「北陸本線・湖西線直流化計画」は、「京阪神へ直結」をキャッチフレーズに、北陸本線の長浜～近江塩津と湖西線の永原～近江塩津の総延長二九・五キロメートルの交流電化区間を直流方式に切り替え、県内鉄道の電化方式を統一するものです。これにより、京阪神方面から「新快速電車」がダイレクトに北びわこ地域へ乗り入れ、近江塩津駅において同時刻・同一ホームで乗り換えが可能となる「琵琶湖環状線」が二〇〇六年一〇月二一日に開業しました。また、関連事業として長浜駅改築橋上化、高月駅簡易橋上化、木ノ本駅簡易橋上化がおこなわれるとともに、各駅において駅前広場整備等の事業が実施されました。

北陸線の米原から近江塩津間は、〈米原〉↓〈坂田〉↓〈田村〉↓〈長浜〉↓〈虎姫〉↓〈河毛〉↓〈高月〉↓〈木の本〉↓〈余呉〉↓〈近江塩津〉となっていますが、新快速列車は、国鉄からＪＲへの移行以来、一九八八年に米原まで延伸、一九九〇年には長浜までを直流化して延伸、そして今回が三度目の運転区間の延伸となります。

乗車人員をみると、最も特徴的なのは長浜駅の乗車人員で一九九〇年の約二四〇〇人から二〇〇六年には約五〇〇〇人と二倍強となっています。田村駅でも、後述する「長浜バイオ大学」の開校に伴い、利用者数を大きく増やしています。

3　高月町「観音の里・ふるさとまつり」

高月町が、「観音の里」といわれるゆえんは、観音菩薩が二〇の集落に二五体もまつられているところにあります。

その多くが無人寺もしくは集落が管理している村堂に安置されているため、通常は拝観するには事前連絡等が必要ですが、毎年二回、四月の「春まつり」との夏の八月の「ふるさとまつり」で、その多くが公開されます。特に、毎年八月第一日曜日に開催される「ふるさとまつり」は有名で、この二〇〇七年度で二三回を数えました。

各集落の祭りは昔からありましたが、町内全集落参加の祭りとして二〇年以上前から一度におこなうことになったのです。もともと地元のための祭りでしたが、一五年ほど前から商工会、観光協会が、遠方からの観音さんへのお参りと観光をいっしょに広報を始めるようになり、二〇〇五年の高月駅改築を機に力を入れ始めました。

町外からの訪問者は、鉄道、マイカーだけでなく、このときに合わせて募集されたバスツアー等による来訪者もあります。なお、二〇〇七年八月五日の当日、高月駅を一日中出発する、四コース設定されていた「ふるさとまつり」パンフレット記載の周遊バスツアーは、予約で満席でした。

「ふるさとまつり」当日には、巡回バスの起点となる高月駅東側バスターミナル前には多くの観光客が集まります。バスは昼休みの約一時間を除き、定員二〇名の観光バスが三ルート設定されており、三〇分毎に、高月駅を起点として運営されています。高月駅発の便はほぼ満員なので、単純に計算してもバスだけで一〇〇〇人近くは動いていると思われます（以下写真21-1参照）。

まつり当日の朝の高月駅前

西野薬師堂

渡岸寺参道

すいかホロウィン作成会場

写真21－1　「ふるさとまつり」の様子

駅以外の乗継箇所は、門前市が開かれている渡岸寺と昼食等を取るのに便利な北近江リゾートに設定されています。大阪方面からの新快速到着後（二〇〇七年の当日、下り九時五二分高月着新快速の降車数約七〇名）の便については積み残しが出るほどの人気でした。

各停留所では、それぞれの観音をお守りしている集落がテントを出し、休憩所を設置しており、そこでお茶やスイカ等が振舞われます。

まつり当日のイベントとしては、巡回バスが運行する各観音堂でスタンプラリー、渡岸寺境内で門前市（屋台、大道芸）やスイカ彫り、出会いの森広場でライブコンサートやスイカホロウィン、その他、観音検定（中央公民館）、ホリデー農園収穫体験、ソーラーカー競技大会（商工会館）、コミュニティバス無料化などがあります。

二〇〇七年の当日に来訪者にヒアリングをしました。こうした観光バスを利用しているなかには二〇～三〇歳代の観光客も見受けられました。巡回バスの乗客二組に話を伺いましたが、若い世代、とくに女性で観音に興味があるという人が多いことがわかりました。

岐阜から来たという女性三人＋女児一人（三〇歳代一名、一〇歳代二名）は、「以前からこの祭りは知っていた、仏像等に興味があり来た」、静岡から来たという夫婦（四〇歳代後半）は、「こういう機会でないと見れないところが多いので、以前からこの（まつりの）時に来たいと思っていた」、大阪から来たという男性（五〇歳代）は、「昨年は全部回れなかった。今年は全箇所制覇を目指している」などの意見でした。若い世代に意外に仏像ファンが多く、貴重な仏像が間近で見られることが有名になって、日本全国から集まってきているのは驚かされます。

また、「門前市」はあくまでも町全域の夏のお祭りという位置づけですが、町内に他には食事する箇所や、お土産購入箇所が少ないこともあって、観光客の誘導が図られており、スタンプラリーの商品交換コーナーがここに設置されています。通常の寺社のお祭りと異なり、全て「しろうと」の地元の婦人会、幼稚園、企業等の手作りによるものです。

現地でスタンプラリーの商品交換等をおこなっている本部で、実行委員長のT氏（NPO法人「花と観音の里」メンバー）にお話を伺ったところ、参加者は概ね一万人前後とのことで、ざっとした感じでは町内外半々とのことでした。また、今年（二〇〇七年）の当日は偶然にも毎年八月五日に固定日で実施される長浜市の花火大会と重なったため夜の人出は少ないかもしれないとのことでした。

また、昨年に引き続き、今年もNPO法人「花と観音の里」が主催して「観音検定」が実施され、昨年以上の受検者を集め、運営側としても予想以上の人数ということでした。

4　長浜サイエンスパークとバイオ大学――新産業誘致でまちおこし

すでに述べたように、JR北陸線の田村駅では、ここのところ乗降客が急増しています。じつはこれは、長浜サイエンスパークの一貫の長浜バイオ大学が活動を始めたことからきています。この新しい試みについて説明してみましょう。

これまで、長浜市を中心とする圏域には四年制大学がなく、常に若者が流出していました。地元としては、若者の定住を促進し、産学連携による地域産業の振興や地域経済の活性化につながる時代潮流に適合した「新しいタイプの大学」をつくることが悲願でした。

二〇〇〇年に、予備校等の学校運営大手の関西文理学園から公民協力方式による産学官連携の「バイオ大学整備構想」の提案がなされ、長浜市長のリーダーシップのもとに滋賀県の支援を得て一気に構想が具現化します。

長浜バイオ大学は、二〇〇三年四月に、バイオサイエンス分野における学際的な展開に対応し、先端的で専門的な教育・研究をおこなうことを目的とし、全国初で唯一のバイオサイエンスに特化した四年制単科大学として開学します。

大学は、長浜サイエンスパークとしての構想のなかで、その用地に作られました。立地は、JR北陸線田村駅の駅前西側すぐにあり、京阪神や中京、北陸と九〇分以内で結ばれているほか、東海道新幹線米原駅や北陸自動車道路長浜IC、名神高速道路米原ICに至近のところに位置しています。総面積約一二・五ヘクタール、内約四ヘクタールがバイオ大学用地、約五・二ヘクタールが企業分譲用地、その他は公園・道路用地です。

現在の学生在籍者は、京都・滋賀三七パーセント、その他近畿二四パーセント、東海一六パーセント、岐阜八パーセントとなっています。中には大阪市内から通学している者もいます。自動車通学が多いということです。就職先は、京阪神、中京、北陸など多方面にわたっています。

5　長浜バイオインキュベーションセンター

二〇〇四年、長浜市が、大学とサイエンスパークを区域とする「長浜・バイオ・ライフサイエンス特区計画」を策定し、長浜市周辺の湖北エリアをバイオ産業の集積地とすることを目指した滋賀県の「経済振興特別区域制度」の認定を受けました。

その後、バイオ大学からの要望もあり、長浜市が、「バイオ関連分野の創業や事業化を支援し産業振興と雇用の確保を図るためのビジネスインキュベーション施設」として、二〇〇六年四月に、バイオ大学の南隣（やはりJR田村駅前）に「長浜バイオインキュベーションセンター」を開設したのです。これにより長浜サイエンスパークの目的である「新規バイオ産業等拠点の形成」、「産学交流拠点の形成」、「人材の育成」、「自立した産業拠点の形成」という四つの柱のコンセプトを実現する基盤整備がなされたといえます。

インキュベーションセンターは公設民営、運営は「有限責任中間法人バイオビジネス創出研究会」です。共同施設（共同利用室：純水製造装置・製氷機・分離用超遠心機等、情報交換コーナー）、経営支援室、支援サービス概要（インキュベーションマネージャー一名が常駐して入居企業の事業化を支援）などがあり、産学官連携による創出事業活動としては、「アグリビジネスカフェ事業」「ビジネスマッチング事業」「バイオ関連情報の提供」「産学官民との交流の機会を提供」等をおこなっています。

6 「小舟木（こぶなき）エコ村」プロジェクト

エコ村プロジェクトとは、ワークショップを通じて、滋賀県内に「エコ村」を広げようと、地元団体や大学、企業などが参画する産官学のプロジェクトです。

まちづくりモデルとしては、人と自然との関係が育まれるまちづくりで、テーマは「食と農」です。各敷地に家庭菜園スペースを設置し、隣接地で有機農業の講座を開催する他、近接農地で生産された農産物の販売所を設け、また、エディブル・ランドスケープ（果樹などによって彩られた食べられる景観づくり）に基づいた町並みを目指します。そのほか、雨水タンクやコンポストの設置、滋賀県産材を推奨するデザインコードを策定する予定です。

経緯をみてみましょう。プロジェクト母体である「エコ村ネットワークキング」は二〇〇〇年一一月に活動を開始し、二〇〇二年一一月に、国際シンポジウム「『エコ村』から未来社会を展望する」にて七カ条の「エコ村憲章」を発表しました。「エコ村ネットワーキング（所在地：滋賀県彦根市）」は、未来社会のモデルになりえるコミュニティ「エコ村」構想を提唱する産官学民が連携した任意団体として発足したもので、セミナーやシンポジウムの開催を通じた学習機会の提供、エコ村づくりに係わる調査研究活動や計画の構想、情報発信や広報活動を軸に、滋賀県を中心に活動を展開しています（二〇〇三年一一月にNPO法人認証取得）。

二〇〇三年三月、事業会社として「（株）地球の芽」を設立し、同時に「近江八幡市小舟木町地先」を候補地として発表します。「（株）地球の芽（所在地：滋賀県近江八幡市）」は、「エコ村」の第一号モデル・小舟木エコ村の事業主体で、二〇〇四年以降、関係部局と協議を経て、二〇〇七年より造成工事をスタートさせています。ミッションは、持続可能なまちづくりの研究・開発活動および、小舟木エコ村の基盤・住宅整備および販売・まちづくり活動等の企画・実施などです。

二〇〇三年四月、さらに、こうした活動をサポートする組織として、エコ村ネットワークングと県、市、地元団体が中心となって産官学民連携の団体「小舟木エコ村推進協議会（所在地：滋賀県近江八幡市）」を発足させました。ミッションは、エコ村の実現に向けた事例視察、関係者間の意見調整、地域の生活調査等の実施などです。参加団体は、ＮＰＯ法人エコ村ネットワーキング、（株）地球の芽、滋賀県、近江八幡市、グリーン近江農業協同組合、近江八幡商工会議所、地元自治会、ハートランド推進財団、岡山土地改良区など各方面にわたっています。

「小舟木エコ村」プロジェクトの計画地は、滋賀県近江八幡市小舟木町地先の面積約一五ヘクタールの市街化調整区域で、施設計画としては、戸建て住宅三七一区画（平均敷地面積約二四〇平方メートル（約七三坪））、最低敷地面積一一〇平方メートル）、建蔽率五〇パーセント以下、容積率八〇パーセント以下、高さ制限一〇メートル以下、壁面後退等規制あり、集会所一区画、店舗七区画、公園一カ所のコミュニティとなっています。

エコ村プロジェクトは、二〇〇三年六月、内閣官房都市再生本部環境共生まちづくり事業に、同九月、内閣官房都市再生本部全国都市再生モデル調査事業に選定されました。二〇〇七年一月、造成工事着手、二〇〇八年秋頃「小舟木エコ村」プロジェクトまちびらき（予定）となっています。今後の展開に期待したいところです。

（山本信弘・武田至弘）

参考資料

滋賀県長浜市総務部大学整備推進担当「バイオ大学の誘致でまちおこし」『長浜バイオ大学創設記録』長浜市。
長浜バイオインキュベーションセンターホームページから。
小舟木エコ村協力会事務局（（株）地球の芽内）ホームページから。

22章 そぶら★貝塚・ほの字の里 ——廃校を活用した観光施設——

1 小学校の廃校と跡地利用について

(1) 貝塚市の観光と「そぶら★貝塚・ほの字の里」

貝塚市は、大阪湾に面し大阪平野に続く肥沃な和泉平野の中央部に位置し、中堅商工業都市として発展してきました。市では、産業・観光の発展と市民生活の向上を目指して、産業・観光振興ビジョンを策定し、観光政策を重要な施策のひとつに位置づけています。

和泉山脈の山麓・林間区域である山手地域には、一九二三年に国の天然記念物に指定された葛城山のブナ林や水間寺、奥水間温泉など、豊かな自然と名所旧跡が数多くあり、貝塚市随一の観光スポットとなっています。また、この地域では、しいたけや水なす、たまねぎ、みかん、たけのこなどを生産しています。しかし、海外からの安価な輸入品に押され、近年の農林業を取り巻く環境は非常に厳しくなってきました。

このような中で、山手地域にある蕎原（そぶら）小学校が廃校になりました。そぶら★貝塚・ほの字の里は、この廃校となった蕎原小学校の跡地を活用して、地域密着型山村体験施設として整備されたものです。

ほの字の里は、地域資源を活用した農林業並びに自然に親しむ体験及び交流を通じて、山手地域の農林産物の生産及び収益の向上並びに活性化を目的としており、宿泊、研修及び交流施設の貸出や、地域の農林産業及び特産品等の販売などをおこなっています。

ほの字の里は、阪和自動車道の貝塚インターチェンジから約一〇分、大阪市内都心部からも約一時間の場所にあり、貝塚市近郊から年間一〇万人を超える人々が訪れています。施設の管理・運営は、地域の農事組合法人によりおこなわれています。

そぶら★貝塚・ほの字の里は、廃校を活用した全国的にも例を見ない観光施設となっているのです。

写真22－1　ほの字の里　全景

(2)　小学校の廃校と跡地利用

蕎原小学校は、一八七二年に開校された長い歴史を持つ小学校であり、地域のシンボルとしての役割を果たしていました。使用されていた校舎は一九四七年に築造されたものであり、老朽化が進んでいました。そのため、蕎原町会・ＰＴＡより一九九四年三月に校舎の改築の要望書が市に出されました。市教育委員会において検討した結果、校舎の建替が必要であるとの結果になりました。当時の蕎原小学校の児童数は二〇名であり、今後も児童数の大幅な増加は見込まれていませんでした。

校舎を建替える場合には、児童数が少ないため、複式学級として整備することとなります。市は、蕎原小学校の小規模校化による教育環境の悪化を避けるために、近隣の小学校との統合を地域に提案することとしました。

地域からは「学校がなくなると村がさびれる」、「小規模校の良さ」などの意見が出され、反対の署名活動をおこなうなど学校の廃校に断固反対の立場をとっていました。しかし、子どもの教育環境を考えた結果、「廃校やむなし」との回答をするに至り、蕎原小学校は一二五年の歴史に幕を閉じ、近隣の葛城小学校に統合されました。

廃校に際して地域からは、地域の核としての小学校の記憶を継承しながら、地元の交流の場・地域の活性化につながるような跡地利用をしてもらいたいとの要望がありました。

跡地利用の検討のために、一九九七年七月に、学識経験者・大阪府・貝塚市・地元町会・PTA・婦人会・森林組合などで組織される「蕎原・かいづか活性化検討委員会」が設立されました。委員会において、「ほの字の里」の構想案が示され、この構想を具体化するために作業部会が設置され、施設の建築計画を検討されました。この検討を受け、一九九八年五月の委員会において、ほの字の里の整備が正式に決定されました。その後、二カ年の工事期間を経て、そぶら★貝塚・ほの字の里は、二〇〇〇年四月にオープンしました。

2　そぶら★貝塚・ほの字の里の特色

ほの字の里の名称は、ここに来るとなぜか「ほっと」する。「ほのぼの」とした懐かしさを感じ、都心から「ほん」のわずかな時間エスケープするだけで「ホタル」など「本物」の自然に出会えて、夜空に「星」が見られる。そして、貝塚に「ほれていただく」というイメージが込められています。貝塚市の三味農林課長は、「田植えの季節には、天然の蛍を見ることができます。ほの字の里で、本物の自然を体験してもらいたい」と語っています。

施設の整備には、昔の小学校の面影を残し、自然環境に溶け込んだ施設となるよう方針が立てられ、個性的で落ち着いた集客施設が整備されています。

ほの字の里には、本棟となる宿泊施設「ほの字の館」、露天風呂のある「ゆの館」、レストラン「彩」、野外バーベキューができる「ガーデンテラス」などがあります。当初は「ゆの館」を整備する計画はありませんでしたが、施設での利用のために井戸を掘削したところ、偶然温泉が湧き出したため、温浴棟を新設することとなりました。

ほの字の館は、地元の樹齢約一〇〇年のスギやヒノキ等の木材を使用した、木のぬくもりや木の香りがする非常に雰囲気のよい施設となっています。この施設には、宿泊施設とともに研修室や、地元の木材を使って作品作りができる木工室があります。また、レストラン彩では、地元の山の幸や海の幸を使った食事を満喫することができます。ガーデンテラスでは、地元の炭を使った炭火焼バーベキューで、地元特産のしいたけなどを食べることができます。

ゆの館には、スギとヒノキの浴室と露天風呂があります。温泉の泉質は、美人の湯と言われているナトリウム炭酸水素塩泉で、神経痛、冷え性、疲労回復などの効用があります。

元気の館は、小学校時代の体育館をそのまま利用しており、卓球やバトミントン、ミニコンサートなど、多目的な活用ができるようになっています。また、炭焼き体験ができる炭焼き小屋や、バードウオッチングや野草摘みができる森林浴コース、家族みんなで楽しめるぱっとゴルフやミニアスレチックなどの施設があります。

これらの施設は、多目的広場となっている当時の校庭を囲むように配置され、校庭を中心とした昔の学校の姿を思い出させるものとなっています。

ほの字の里は、二〇〇一年度の大阪府の第二一回まちなみ賞の特別賞を受賞するとともに、文部科学省の「廃校リニューアル五十選」にも選ばれています。

図22－1　ほの字の里の運営形態（利用料金方式）

3　地域活性化への取り組み

(1)　地域による運営

ほの字の里の管理・運営は、地元の雇用促進の観点から、当初は貝塚市森林組合に委託されていました。しかし、貝塚市森林組合を含む大阪府内の一六森林組合が合併し、大阪府森林組合となったことから、現在は貝塚市森林組合の組合員が新たに設立した農事組合法人「ほの字の里」が運営しています。二〇〇六年には、指定管理者の指定を受けています。

本施設の管理・運営委託は、利用料金方式によっておこなわれています。利用料金方式とは、施設の管理運営を民間に委託し、それに必要となる費用を、利用者からの料金徴収によってまかなう方式です。そのため、施設の運営・管理は全て農事組合法人「ほの字の里」によりおこなわれていますが、市からの補助金等の援助はありません。

また、本施設は、地域の雇用促進を目的の一つとしています。現在施設では、常勤職員七名、パート従業員三六名が働いており、地域の方々を積極的に雇用しています。このように、ほの字の里は地域の手により管理・運営されています。

農事組合法人「ほの字の里」は、運営に際して積極的に経費節減を図るとともに、数多くのイベントを実施するなど、集客に努めており、開館時から現在まで安定した収益を上げています。

表 22－2　収支状況

年　度	収入(円)	費用(円)	総利益(円)
2002年度	2億7042万	9523万	1億7520万
2003年度	2億4360万	8525万	1億5835万
2004年度	2億4917万	9213万	1億5705万
2005年度	2億3622万	8442万	1億5180万
2006年度	2億2994万	8634万	1億4366万

出所）ほの字の里資料より筆者作成.

表 22－1　年度別利用状況

年　度	入浴利用(人)	宿泊利用(人)
2000年度	12万7792	3116
2001年度	16万3910	3758
2002年度	15万6228	3820
2003年度	14万4329	3322
2004年度	13万8894	3428
2005年度注	11万9906	3207
2006年度	13万 439	4205

注）浴槽の工事により，1カ月間休業.
出所）ほの字の里資料より.

(2)　集客への取り組み

ほの字の里では、炭焼き、ヒノキやスギの植栽・間伐、しいたけ狩り、椎茸菌入れ体験、たけのこ掘り体験などの林業体験や、田植えや稲刈り、芋掘り、もちつきなどの農業体験がおこなわれています。施設内では、コースターや貯金箱、小物入れを作ることができる木工教室やそば打ち教室、陶芸教室などの体験教室が実施されています。

また、季節のイベントが数多く開催されており、代表的なイベントとしては、三月のハイキング&山菜取り、三月の下旬から四月の上旬にかけてのさくら祭り、四月のオープン感謝祭、五月の宝探しゲームや移動動物園、ミニSL機関車の運行、一一月のとれとれ収穫祭（地元の新鮮野菜の販売）などがおこなわれています。山菜取りは、参加者が採った山菜を河原でてんぷらにして食べることができるため、たいへん人気があります。

イベントは農事組合法人「ほの字の里」が企画し、実施には地域の方々の協力を受けています。施設やイベントの広報は、貝塚市が積極的に協力しています。

体験教室や数多くのイベントを実施した結果、初年度の年間目標（四―五万人）を大幅に上回る一二万人を超える利用者がありました。開館から二〇〇七年度までの利用実績は、入浴利用者数が延べ約九八万人、宿泊利用者数が約二万五〇〇〇人に上っています。

写真22－2　ゆの館

写真22－3　ほの字の館

ほの字の里の利用者は、堺・岸和田・和泉市など貝塚市の近隣の方が多く、平日は五〇歳―七〇歳代、土日は家族連れや団体が多くなっています。また利用者の八〇パーセントがリピーターであることが大きな特徴になっています。

4　地域の活動と観光の新たな展開

ほの字の里の開館により、地域において新しい活動が始まっています。地域の農家の婦人の有志組織である、「西葛まめっこクラブ（まめまめしく働くクラブの意）」が設立され、自主的にみそや佃煮などの加工品づくりを始め、土日に野菜、加工品の販売をしています。

また、地元の森林組合の青年部である「やまびこくらぶ」が、ゲームの企画やハイキングの引率、間伐体験などイベントの実施に参加しています。農業体験や林業体験は、地域の田畑や森林を活用し、地域の方々の協力を受けて実施されています。

ほの字の館では、近隣の農家の方が栽培した、しいたけや水なすなどの新鮮な野菜や地域の特産物が販売されています。

観光についても、貝塚市のコミュニティバス（は～もに～ばす）が二〇〇七年三月よりほの字の里まで運行を開始するなど、山手地域への交通アクセスが向上しています。

また、ほの字の里の近くを通る基幹農道の整備がほぼ完了したため、ほの字の里とその近隣の施設である大阪府立少年自然の家と、農業庭園である奥貝塚・彩（いろどり）の谷「たわわ」とが共同で、一〇月の最終日曜に「奥貝塚農と緑のゆったりウォーク」を開催しています。二〇〇七年のゆったりウォークには約三〇〇〇人の参加があり、参加者は史跡や自然などをあじわいながら歩き、スタンプラリーや各施設での農産物直売・農業体験・野外コンサートなどを楽しみました。

ほの字の里と山手地域の持つ歴史や文化的な資産とを結びつけることにより、観光の活性化が進められています。このように、ほの字の里とその周辺施設が、自然環境を活用した貝塚市の新たな観光の名所となっています。

5　おわりに

ほの字の里は、開館から八年を過ぎた現在もなお、毎年一〇万人を超える利用者があり、安定した収益を上げています。これは、小学校という地域のシンボルが持っていた歴史と文化を生かし、地域と行政との協力により、豊かな自然と地域の力を最大限に活用していることによるのではないでしょうか。ほの字の里のM支配人は、「開館当初から、私たちは貝塚市と協力しながら施設の運営を進めてきました。お互いの協力関係が成功の秘訣だと思います」と語っています。

そぶら★貝塚・ほの字の里は、蕎原小学校の一二五年の歴史を受け継ぎ、豊かな自然の中で、地域と行政との信頼の上に、さまざまな体験を通して人々が集い、交流する、新たな学びの場となっています。ここには、蕎原小学校の校歌の「この峰は葛城山よ、濃緑の木々は豊かに、その山裾に建てる学舎、信頼と誠を旨に、今日もまた元気よく学ぶ、蕎原の児ら我等」の精神が今も生き続けています。

注

農事組合法人とは、農業生産についての協業を図ることにより、組合員の共同の利益を増進することを目的とする組織であり、農業に係る共同利用施設の設置、農業の経営などをおこなう。

廃校の利用については、塩沢・小長谷編『創造都市への戦略』の臼田、小長谷、永田、藤田、中山らの論文を参照下さい。

参考文献

貝塚市市民生活部農林課（二〇〇〇）「まちづくり事例集（八九）そぶら・貝塚「ほの字の里」村おこし、農山村体験交流施設――山手地域活性化の拠点を目指して」『自治大阪』五一巻九号、大阪府市町村振興協会。

酒井章（二〇〇六）「林構施設を訪ねて　そぶら貝塚・ほの字の里――大阪府貝塚市」『林構情報』№、一三四、全国林業構造改善協会。

塩沢・小長谷編（二〇〇七）『創造都市への戦略』晃洋書房。

蕎原小学校閉校式典実行委員会（一九九八）『蕎原小学校百二十五年の歩み』貝塚市教育委員会。

矢作弘他（二〇〇五）『持続可能な都市』岩波書店。


（臼田利之）

西《にし》堀《ほり》俊《とし》明《あき》　1974年生まれ．大阪市立大学大学院創造都市研究科博士（後期）課程在籍．現在，近畿大学経済学部非常勤講師［19章］

渡《わた》邉《なべ》公《きみ》章《あき》　1959年生まれ．立命館大学卒業．現在，（社）ひょうごツーリズム協会事務局次長［20章］

北《きた》野《の》正《まさ》信《のぶ》　1953年生まれ．大阪市立大学大学院創造都市研究科修士課程修了．現在，大阪府警察本部［20章］

久《く》保《ぼ》秀《ひで》幸《ゆき》　1972年生まれ．大阪市立大学大学院創造都市研究科博士（後期）課程在籍．現在，堺市建設局［20章］

山《やま》本《もと》信《のぶ》弘《ひろ》　1965年生まれ．大阪大学大学院工学研究科博士（前期）課程修了．現在，京都府庁［21章］

臼《うす》田《だ》利《とし》之《ゆき》　1975年生まれ．大阪市立大学大学院創造都市研究科博士（後期）課程在籍．現在，大阪市建設局［22章］

《執筆者紹介》（執筆順，＊は編著者）

*塩《しお》沢《ざわ》由《よし》典《のり》　奥付参照［1章］

*小長谷《こながや》一之《かずゆき》　奥付参照［2章，4章，5章，6章，12章］

立《たて》見《み》淳《じゅん》哉《や》　1977年生まれ．名古屋大学大学院環境学研究科博士課程修了．現在，大阪市立大学大学院創造都市研究科准教授［3章］

武《たけ》田《だ》至《よし》弘《ひろ》　現在，近畿経済産業局［5章，12章，21章］

辻《つじ》賢《けん》一《いち》郎《ろう》　1970年生まれ．京都教育大学卒業．現在，滋賀県東近江地域振興局［5章，18章］

近《ちか》　勝《かつ》　彦《ひこ》　1961生まれ．広島大学大学院生物圏科学研究科博士後期課程修了．現在，大阪市立大学大学院創造都市研究科教授［7章，10章］

明《あけ》野《の》欣《きん》市《いち》　大阪市立大学大学院創造都市研究科修士課程修了．近畿経済産業局，(財)関西情報・産業活性化センターをへて，現在，IT ガイドシステム推進協議会専務理事，ICT 利活用力推進機構理事長［8章］

浅《あさ》田《だ》繁《しげ》夫《お》　1955年生まれ．龍谷大学卒業．大阪市立大学大学院創造都市研究科修士課程修了．現在，NPO 法人南大阪サポートネット代表，元大阪狭山市職員［9章］

小《お》倉《ぐら》哲《てつ》也《や》　1976年生まれ．大阪市立大学大学院創造都市研究科修士課程修了．現在，特定非営利活動法人 KOBE Creatives 協会理事長［11章］

乾《いぬい》　幸《こう》司《じ》　1962年生まれ．大阪市立大学大学院創造都市研究科修士課程修了．現在，毎日新聞大阪開発主任［13章］

佐《さ》々《さ》木《き》義之《よしゆき》　1946年生まれ．早稲田大学卒業．大阪市立大学大学院創造都市研究科修士課程修了．現在，日本橋商店街理事，でんでんタウン電子工作教室長，日本橋アニメ村村長［14章］

木《き》沢《ざわ》誠《せい》名《な》　1952年生まれ．神戸市外国語大学卒業．中国国際航空福岡支店長をへて，現在，大阪国際大学［15章］

牛《うし》場《ば》　智《さとし》　1976年生まれ．大阪大学卒業．大阪市立大学大学院創造都市研究科博士（後期）課程在籍［15章］

吉《よし》川《かわ》　浩《ひろし》　1952年生まれ．日本写真専門学校卒業．現在，大阪市立大学大学院創造都市研究科博士（後期）課程在籍，尾道大学［15章］

大《おお》島《しま》榎《か》奈《な》　大阪市立大学卒業．大阪市立大学大学院創造都市研究科修士課程修了．現在，フリーアナウンサー・ライブハウスオーナー［16章］

阿《あ》部《べ》芳《よし》明《あき》　1941年生まれ．法政大学卒業．現在，U・DESIGN 工房ストローク代表［17章］

《編著者紹介》

塩沢由典（しおざわ　よしのり）

京都大学大学院経営管理研究科教授．中央大学商学部教授．大阪市立大学名誉教授．
1943年生まれ，1966年京都大学理学部卒業，1968年京都大学大学院理学研究科修士課程修了，同年京都大学理学部助手，1976年同経済研究所助手，1983年大阪市立大学経済学部助教授，1989年同教授，2003年より開設の大阪市立大学大学院創造都市研究科教授・初代研究科長．関西ベンチャー学会会長，進化経済学会会長を歴任．1990年，サントリー学芸賞受賞．大阪市北区を創造都市としてプロモートする「扇町創造村構想」を提唱している．著書に，『市場の秩序学』（筑摩書房，1990年），『複雑さの帰結』（NTT 出版，1997年），『複雑系経済学入門』（生産性出版，1997年），『経済思想 1：経済学の現在（1）』（編著，日本経済評論社，2004年），『創造村をつくろう！』（共編，晃洋書房，2006年），『創造都市への戦略』（共編，晃洋書房，2007年）ほか．

小長谷一之（こながや　かずゆき）

大阪市立大学大学院創造都市研究科都市政策専攻教授．
1959年生まれ，1982年京都大学理学部卒業，1985年東京大学大学院理学系研究科修士課程修了，1991年大阪府立大学講師，1996年大阪市立大学経済研究所助教授を経て，2003年より同創造都市研究科助教授，2005年より現職，東京大学空間情報科学研究センター客員教授．日本都市学会常任理事，GIS 学会理事・土地利用・地価分科会副代表，毎日出版文化賞受賞．著書に，『都市経済再生のまちづくり』（古今書院，2005年），『コンバージョン，SOHO による地域再生』（共著，学芸出版社，2005年），『シリーズ都市再生 1』（共著，日本経済評論社，2005年），『マルチメディア都市の戦略——シリコンアレーとマルチメディアガルチ』（共編，東洋経済新報社，1999年），『創造都市への戦略』（共編，晃洋書房，2007年），『21世紀の都市像』（共著，古今書院，2008年）ほか．

まちづくりと創造都市
——基礎と応用——

2008年5月10日　初版第1刷発行
2009年4月15日　初版第2刷発行

＊定価はカバーに表示してあります

編著者の了解により検印省略

編著者　塩沢由典 ©
　　　　小長谷一之
発行者　上田芳樹
印刷者　江戸美知雄

発行所　株式会社　晃洋書房
〒615-0026　京都市右京区西院北矢掛町7番地
電話　075(312)0788番(代)
振替口座　01040-6-32280

印刷　㈱エーシーティー
製本　㈱兼文堂

ISBN978-4-7710-1974-4